四川大学教改项目：实践环节与课程设计相结合的多学科教学联动模式研究（项目编号：SCU8230）

贵州民族村寨测绘与保护更新设计

主　编：曾艺君　陈春华　孙　音
副主编：毛　颖　陈　鸿　陈　岚

东南大学出版社
SOUTHEAST UNIVERSITY PRESS

图书在版编目（CIP）数据

贵州民族村寨测绘与保护更新设计 / 曾艺君，陈春
华,孙音主编. —南京：东南大学出版社，2018.9

ISBN 978-7-5641-7780-5

Ⅰ．①贵…　Ⅱ．①曾…　②陈…　③孙…　Ⅲ．①少数民
族-村落-测绘-贵州　②少数民族-村落-建筑设计-贵
州　Ⅳ．①TU241.4

中国版本图书馆CIP数据核字（2018）第101682号

贵州民族村寨测绘与保护更新设计

主　　编	曾艺君　陈春华　孙音	
责任编辑	宋华莉（52145104@qq.com）	
出版发行	东南大学出版社	
出 版 人	江建中	
社　　址	南京市四牌楼 2 号　（邮编：210096）	
网　　址	http://www.seupress.com	
经　　销	全国新华书店	
印　　刷	上海雅昌艺术印刷有限公司	
开　　本	787mm × 1092 mm　1 / 16	
印　　张	14.5	
字　　数	336 千	
版　　次	2018 年 9 月第 1 版	
印　　次	2018 年 9 月第 1 次印刷	
书　　号	ISBN 978-7-5641-7780-5	
定　　价	98.00 元	

（本社图书若有印装质量问题，请直接与营销部联系，电话：025-83791830）

　　近年来，国家持续加大小城镇及乡村建设力度，在"城乡一体化"的政策背景下，乡村的规划与建设逐渐成为发展的重要内容。对于规划和建筑设计领域，工作的中心也由城市为主转向了城乡并重。然而在城市建设中取得的经验并不能完全适用于乡村，传统文化及生产方式下形成的乡村在现代化的大潮中如何发展与转变，这是设计者需要研究和审慎对待的。学校的教学应紧跟时代的发展与变化，专业课程设计中乡村课题成为设计研究的重要内容。

　　建筑系三个专业的教学计划中均有"古建测绘"实习环节，一般安排在二年级下学期的实践周，测绘对象为古镇及传统建筑，实践内容及测绘成果目的是加强学生对传统建筑的群落组织及环境、建筑空间、传统木结构及构造、传统文化等方面的直观认识，巩固所学专业知识。"建筑设计""规划设计""景观设计"课程分别是建筑学、城乡规划学、风景园林学专业的主干课程，设计选题涉及城市各个层面，设计的深度也从基础型向研究型转变。三年级是专业课程学习的重要时期，在此期间进行实践与课程联动是最适合的时期，有利于研究性课题在实践基础上的深入开展，同时进行多专业间的协作。"数字技术"课程的设置则为课程设计提供了技术支持。全过程的设计教学方式将有利于学生设计能力的提高。

　　乡村建设包括的范围涉及规划、建筑、景观等各个方面，从现状出发的研究型设计才具有可实施性。专业协作能够相对较为全面地以统一的思路来研究解决乡村的建设发展问题，提出可持续发展的设计方案。同时，不同专业在面对同样课题时解决问题的方式是不同的，了解其他专业的思维模式既能有利于更好地协作，对于拓展本专业思维的局限性也是有利的。在实践环节与课程设计阶段进行多专业协作设计研究，能够相互交流，取长补短，弥补各专业课程设计阶段的不足，为学生进一步深造或进入工作实践奠定良好的基础。

　　本书为四川大学建筑系三个专业教改项目的成果。建筑学教改项目——"实践环节与课程设计相结合的多学科教学联动模式研究"以贵州少数民族聚落为主题，将测绘与聚落认知、聚落保护与更新规划课程设计结合，全过程展示教学特点及成果。该项目通过实践环节与课程设计联动的多学科结合的教学方式，一方面深化实践环节的要求，对实习前所学课程加以实践性应用并得到阶段性成果，同时为下一步的课程设计奠定基础。另一方面，通过多专业协作，对课题的研究更加全面和深入，设计成果的研究目标也更为明确。教师对以往专业学习中学生尚未重视的环节加强把控，指导学生结合实践应用做研究型设计，学习其他专业的工作方法，加强专业间的合作与联系，从而全面提升学生建筑专业的综合素养，强化创新能力的培养，加强建筑师执业素质教育。所取得的经验还可以作为建筑学专业教学体系整体调整和优化的实践基础，以促进学科发展。城乡规划学教改项目——"文化自信背景下乡村聚落保护更新规划的产学研课程体系构建"总结近三年来城乡规划学专业在乡村聚落专题上，构建集实地调研、测绘、调查、科研、规划设计、项目实践等系列化具有连续性全过程的教学课程体系。风景园林学教改项目——"'风景名胜区规划设计'课程过程性学业评价方式改革与探索"重点研究过程性考核的方法，使学生在掌握理论知识的同时，进行大量的实践性锻炼，以对风景名胜区规划的精要有所了解和把握。三个教改项目各有侧重，同时体现四川大学建筑系教学特色。

本书汇集了近四年传统村落测绘及相应的课程设计和竞赛成果，选址包括贵州省安顺市屯堡村落本寨、荔波县水族村落水蒲古寨、贵阳市布依族村落镇山村，均为特色民族村寨。封面照片本寨为曾艺君拍摄，水蒲古寨为陈春华拍摄，镇山村为吴有鹏同学拍摄，以下同学参与了本书的编写和整理工作：

编委：唐路嘉、全雨霏、唐艺源、王榛榛、张紫葳。

参编人员：刘婷、杨静宜、杨兴源、张恩华、郑晟阳、黄钰霁、王哲玥、江淑媛、邱元、杨斯佳、徐伦会、李泽圣、王耀彬、黄晨旭、彭千芮、米名璇、唐双、陈婉晴、程晴、张云鑫。

另外在本书编辑过程中得到四川大学建筑与环境学院熊峰院长、蒋文涛书记、兰中仁副院长等学院领导的大力支持，以及傅红老师、吴潇老师的指导工作，特此致谢！

曾艺君

2018 年 1 月于四川大学

CONTENTS 目　录

1 本寨

测绘指导教师：

曾艺君　孙　音　陈　鸿　陈春华　陈　岚　毛　颖

测绘人员：

总　图　组：郭　壮　刘彦含　程嘉希　林泽恩　李　悦　耿文涵　黄雨轩

沿街立面组：项　晨　周卓娅　王杰楠　甘弼家　王小雪　唐　莹　晏智翔

　　　　　　王若冰　杨媛媛　刘　毅　张　涵　程　业　李超群

青 龙 寺 组：袁喆依　李一民　熊定伊　苏　涛　闫　行　崔文欣　刘晓飞

　　　　　　练　佳　王思睿　彭眹霏　李　娟

双 狮 院 组：向　娟　杨璧菱　薛　研　张梦茹　李云倩　夏　冰

1.1 关于本寨

1.1.1 本寨概况

本寨位于贵州省安顺市七眼桥镇的滇黔古驿道旁，据资料记载，本寨建于清中叶。村落不大，民居建筑约二十余座院落。但由于其在聚落选址、防御体系、民居建筑等方面的特色，2001 年作为屯堡村寨的代表与云山屯一起被国务院评为"第五批全国重点文物保护单位（古建筑）"。

1.1.2 屯堡文化

"屯堡"（tún pù）特指贵州中部地区明初屯军后裔及其他迁入该地区的汉族移民居住的村落。屯堡主要分布于明代贵州通往云南的驿道沿线，方圆 1300 余平方公里，有村寨 300 余个。保留屯堡文化较好的地区主要集中在黔中安顺市的平坝、镇宁、普定、西秀区。

民国《平坝县志·民生志》记载："在平坝县人中，有'屯堡人'。所谓屯堡，即屯军居住地之名称。当年的屯堡人是明代屯军之族裔，而后清康熙年间废除屯制，居住地不变者称其为"屯堡人"，而符合妇女不缠足且从事农耕者，即使不居住于屯堡内的，也称之为屯堡人。

1902 年，日本学者鸟居龙藏到中国西南做人类学调查，在他的《中国西南部人类学问题》《苗族调查报告》中，对于贵州安顺屯堡人，鸟居龙藏认为他们并非西南少数民族，而是"汉族地方集团"。1903 年，日本建筑学者伊东忠太在贵州平坝、镇宁一带考察时，发现在当地官员口中，屯堡人有另一个称谓——"凤头苗"，在此之前，被称作为"凤头鸡"或"凤头苗"的屯堡人一直被视为汉族逐渐苗化的人群，属于"百苗"的一种。

1950 年，费孝通先生在对贵州考察后，在其《贵州少数民族情况及民族工作》的报告中指出：在贵州较小的少数民族中有一种"汉裔民族"，这些人"基本上是说汉话的，服装也是汉族的古装，但部分的受到当地少数民族的同化，大多住在原来军事据点、堡或屯，经济上亦与汉族同"。在《兄弟民族在贵州》一书中指出："早年入侵的汉族军队，很多就驻扎在各军事据点，称作军屯；他们回不了家乡，有许多娶了兄弟民族的妇女，就在这山谷里成家立业，经长期同化，后来移入的汉族就不认他们作汉族了。因之，现在一般把他们列入'少数民族'中。这些民族各地有不同的名称，如堡子、南京人、穿青、里民子等等。"

对于屯堡人的界定，屯堡文化研究专家翁家烈先生认为屯堡人是"清代裁废明代卫所屯田制后对今在贵州省平坝、安顺、镇宁、普定、长顺等县市内明屯军后裔的专称。屯堡人口现为 40 万。其特点是他们的入黔祖先大都原籍江南，尽管历经数百年来的社会历史变迁，他们的大多数一直聚居在屯堡社区内，并基本上较为完整地保持着明代江南汉族文化的形式与内容。这在汉族各支派中是十分罕见的"。

1.1.3 黔中屯堡聚落形成的历史背景

公元 1368 年，朱元璋在南京称帝建立明朝，为实现"开一线以通云南"之目的，明朝对贵州的驿道进行整治和建设。省境内贯通的滇黔、湘黔、川滇、黔桂和川黔五条驿道与全国的驿道网络相连，从而使贵州成为沟通连接川、鄂、滇、桂诸省的"要冲之地"。五条驿道中，尤以滇黔、湘黔两条贯穿东西的驿道战略价值最高，也最繁忙。而今平坝、安顺、镇宁、关岭一带就是两条驿道的必经之地。为保证驿路畅通，明初在贵州的各驿道沿线广设卫所屯堡。这些集中分布于驿道沿线的卫所对于保障驿道之畅通，特别是保障"云南道路往来无碍"起到了关键性的作用。

卫所设立后，为减轻国家军粮的压力，安置大量的士兵，朱元璋下令士兵开垦田地，这种屯田养兵的措施，即为屯田。屯田制度对于"地僻处而输粮艰"的贵州是保障军粮供给的必要手段。这些卫所为当时地广人稀的贵州带来了数十万之多的开垦大军。除军

屯外，还有民屯、商屯，在这一时期，大量汉族移民进入贵州，对贵州的经济、文化发展起到了重要的促进作用。

据清咸丰年间《安顺府志·地理志》所记载，普定卫有 78 屯、7 堡；安庄卫有 96 堡、1 屯；平坝卫有 43 堡、1 屯。"明代设屯，军民住居上有区别，如名'屯'名'堡'者为军户住居，名'村'名'庄'名'寨'名'院'者为民户住居。有清及今，屯制虽废，屯堡名称尚沿而未改。"这也说明现在的屯堡村寨就是卫所屯田制的产物。至今，清镇、平坝、安顺、普定、镇宁等县（市），仍以屯、堡、旗、所为村寨名的比比皆是。

在这种历史背景下，黔中地区逐渐形成了"通道沿线卫屯相连、通道两侧夷汉杂处"的人文地理格局。而安顺地区素来具有"滇之喉，黔之腹"的军事战略价值，为保证滇黔驿道之畅通，这一地区成为明朝设置卫所、实行屯军的重点，是贵州境内卫所屯堡设置最为集中与"夷汉杂处"最为典型的区域。

1.1.4　聚落选址

本寨坐北朝南，背靠青山，寨前有三岔河流过，村前是带状的田野，视野十分开阔。本寨左依青龙山，右枕姊妹顶山，背靠后屯，其靠山被形象地比喻为"二龙抢宝"。

本寨村口景观有风水上的考虑。顺着河边行进一段后，路有分岔，一条小路通向村东的青龙寺，寺前河道宽阔，有桥有亭；另一条小路通向村口，路边有公共水井，入村的空间序列将自然山水与寺院、桥、亭、井、土地庙等建筑和小品结合起来，景观层次丰富。

1.1.5　防御体系

道路系统：道路弯曲，错综交叉，走向随意，巷道狭窄。

建筑：民居外观封闭厚重。寨中设碉楼、街门。本寨共有 7 个碉楼，布局上接近北斗七星的形状。墙上开猫洞眼和枪眼用于瞭望、射击。

1.1.6 建筑

民居以三合院、四合院为主，石木结构。墙体、屋面用石材，院落内部门窗、楼板用木材。当地盛产石材，特别是石瓦最具地方特色。

屯堡普通民居尺度较小，一般一到二层。正屋三开间，中间明间是正堂，供奉"天地国亲师"的神榜，堂屋方正，神堂后隔有小间，可作为老人的居室，也可作为通往后门的通道，或者设置楼梯、作储藏等。正堂的门称作中门，位置上后退一步，形成吞口，也称"燕窝"，两侧厢房面对燕窝侧向开门。厢房或纵向隔开，左厢房前间作厨房，后间作卧室，右厢房前间可作客厅等日常起居用，后间为卧室。天井两厢的房间作为卧室，也可作农具储藏室。

民居的二楼一般用来储存粮食，少数人口多的人家二楼也住人。二楼面向院落，正房上方有燕楼，如厢房与正房高度相同，也有的做成跑马楼。

从风水观念以及防御戒备的需要出发，院门开设不允许直对大门，朝门一般开于院落一侧厢房与倒座交角处，利用地势在入口旁布置畜圈。有的朝门因地形所限，只能歪斜开口，结合高差，形成山地合院的入口特色。

1.1.7 建筑装饰

门楼：是民居外部仅有的装饰重点，木质门楼精雕细刻。

门窗：以木雕为主。

细部：柱础、地漏、台阶、台基，均为精致的石雕。

本寨在其历史发展过程之中呈现出典型的地域文化特征，尤其是移民文化、军事文化和民族文化对聚落建筑的形式、空间格局、装饰、材料、结构、施工工艺等方面都产生了影响。

1.2 测绘成果

总图组成员：郭　壮　刘彦含　程嘉希　林泽恩　李　悦　耿文涵　黄雨轩
指导老师：曾艺君　陈春华　孙　音

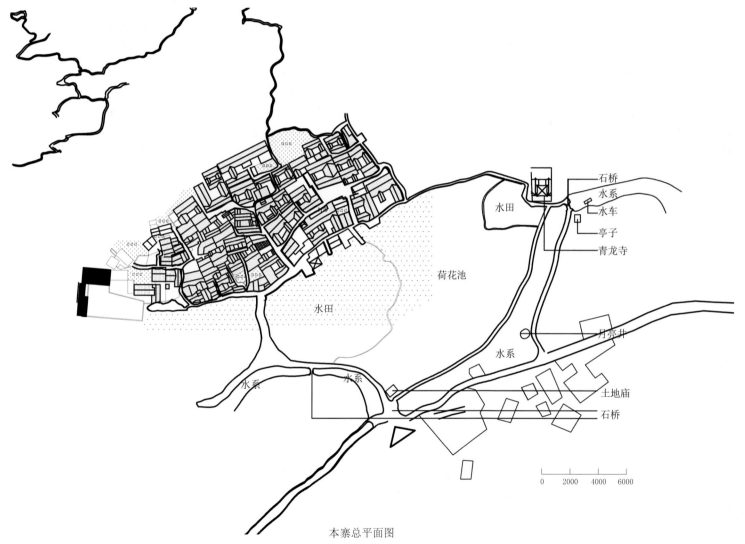

石桥
水系
水车
亭子
青龙寺

水田

荷花池

水田

月亮井

水系

水系

水系

土地庙

石桥

0　2000　4000　6000

本寨总平面图

村落

村落

水田

建筑布局图

街道立面总图示意

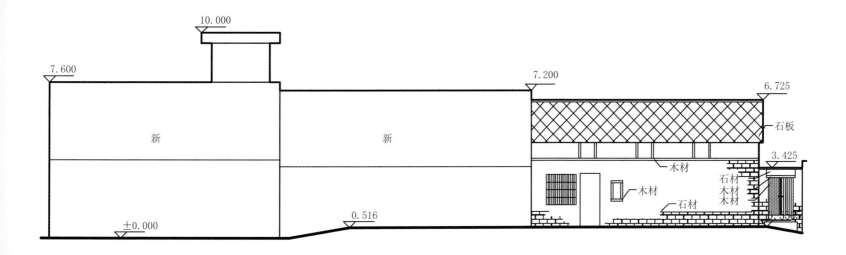

A 街 a 面沿街立面示意图

沿街立面组成员：项　晨　周卓娅　王杰楠　甘弼家　王小雪　唐　莹　晏智翔　王若冰　杨媛媛　刘　毅　张　涵　程　业　李超群

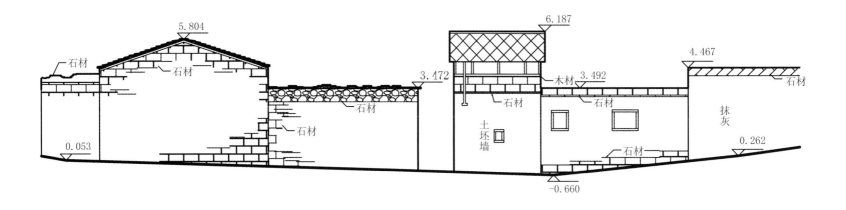

A 街 a 面沿街立面图

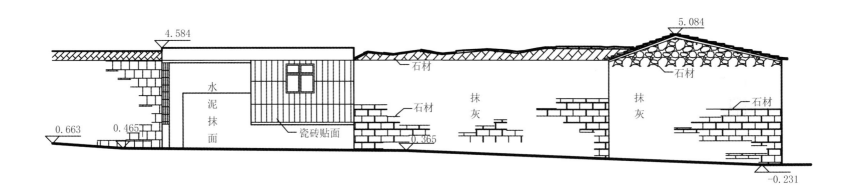

A 街 b 面沿街立面图

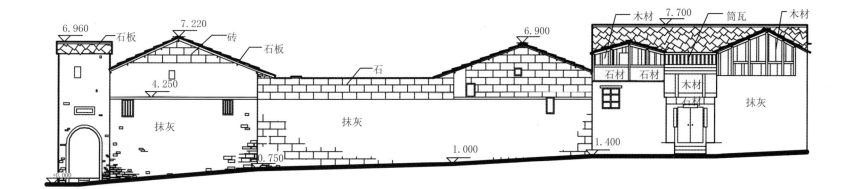

B 街 a 面沿街立面图

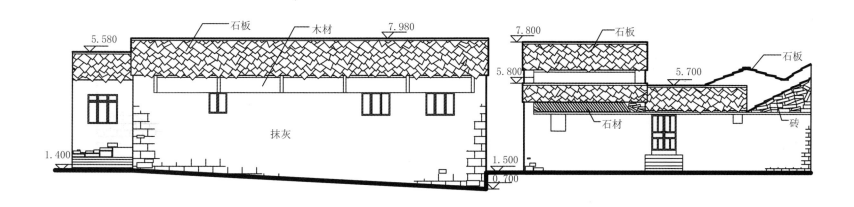

B 街 a 面沿街立面图

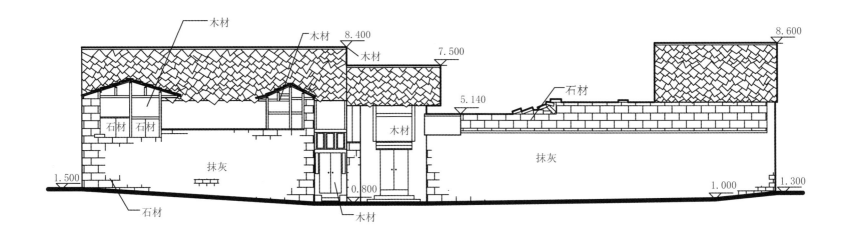

木材　木材　8.400　木材　7.500　8.600　石材　5.140　1.500　石材　抹灰　木材　0.800　抹灰　1.000　1.300　木材

B街a面沿街立面图

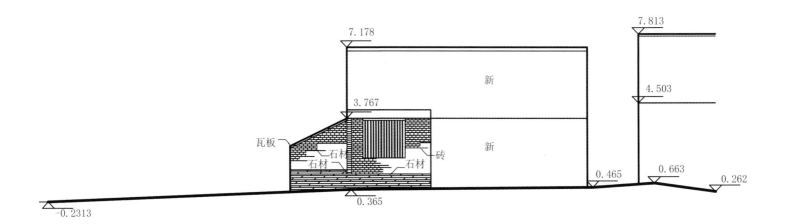

7.178　7.813　新　3.767　4.503　瓦板　石材　砖　新　石材　石材　0.465　0.663　0.365　0.262　-0.2313

B街a面沿街立面图

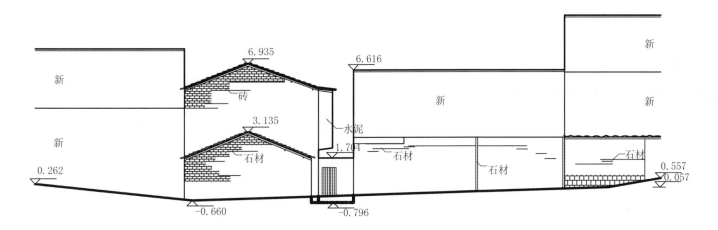

B街a面沿街立面图

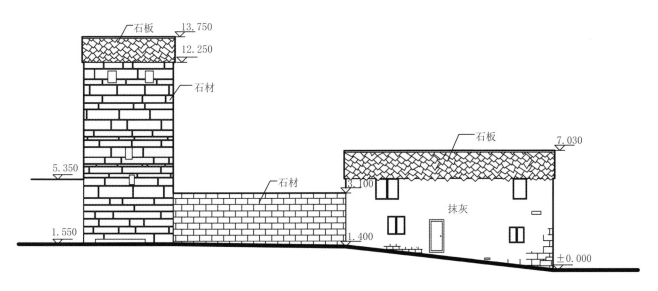

B街b面沿街立面图

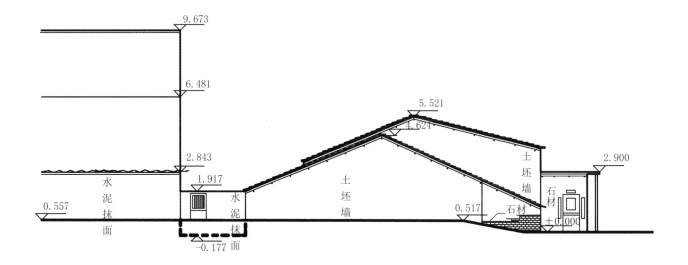

B 街 b 面沿街立面图

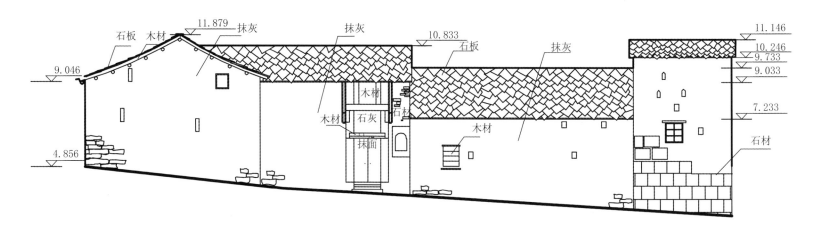

C 街沿街立面图

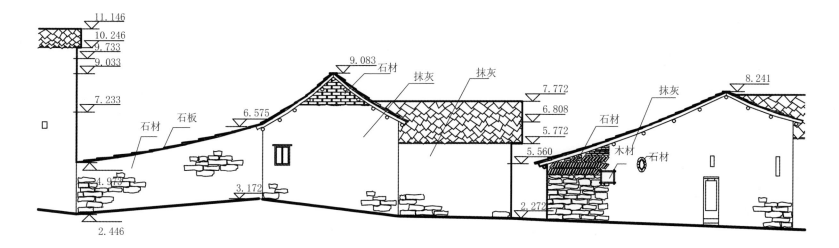

11.146
10.246
9.733
9.033
7.233
9.083 石材
抹灰
抹灰
7.772
6.808
5.772
抹灰
8.241
6.575
石材
石板
石材
木材
石材
5.560
3.172
2.272
4.972
2.446

C 街沿街立面图

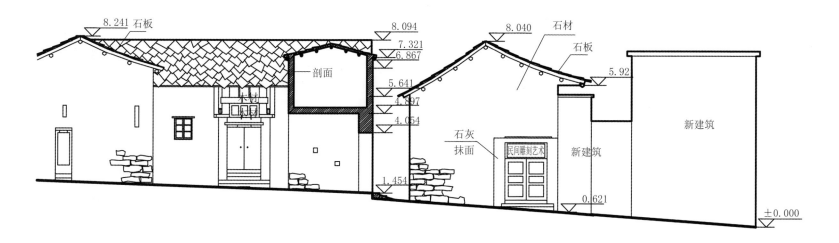

8.241 石板
8.094
7.321
6.867
8.040
石材
石材
石板
剖面
5.92
木材
5.641
4.897
4.054
新建筑
石灰
抹面
民间雕刻艺术
新建筑
1.454
0.621
±0.000

C 街沿街立面图

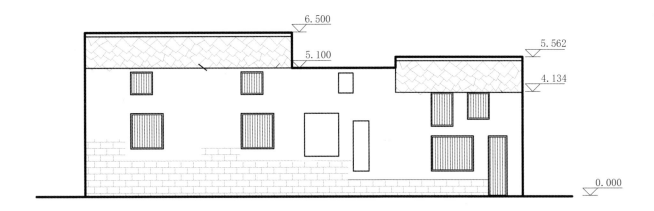

沿街立面图 1

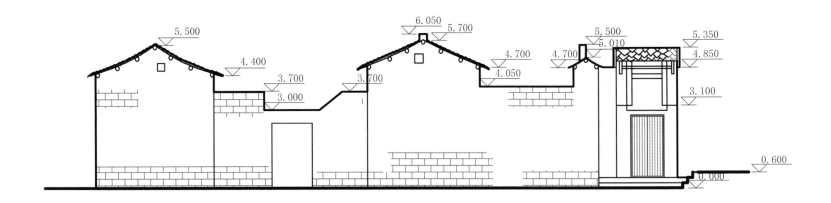

沿街立面图 2

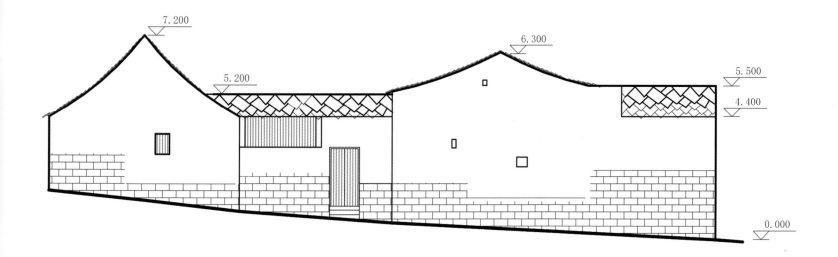

沿街立面图 3

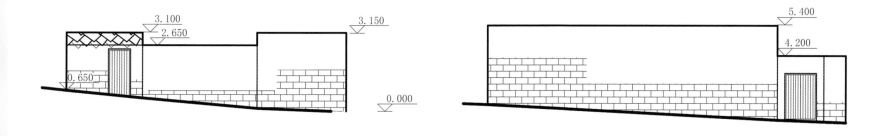

沿街立面图 4

沿街立面图 5

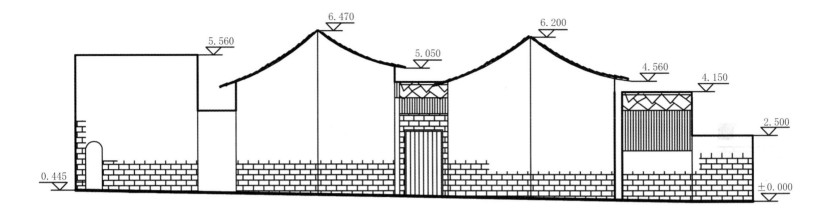

沿街立面图 6

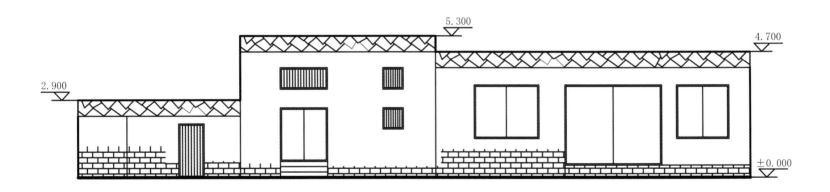

沿街立面图 7

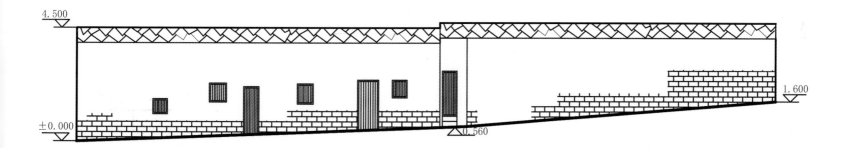

4.500

1.600

±0.000

0.560

沿街立面图 8

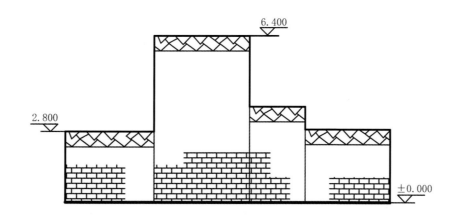

6.400

2.800

±0.000

沿街立面图 9

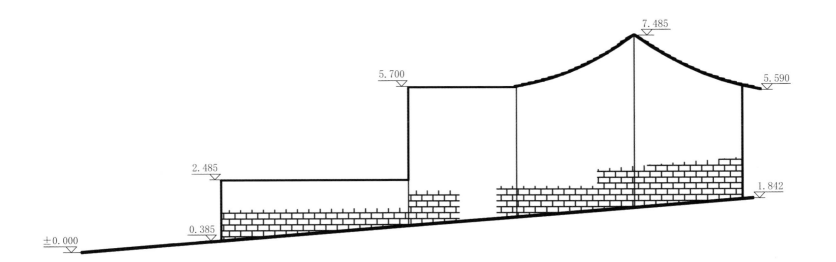

沿街立面图 10

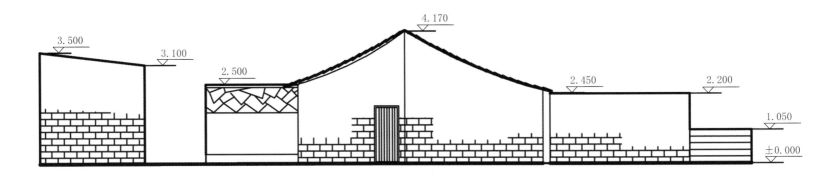

沿街立面图 11

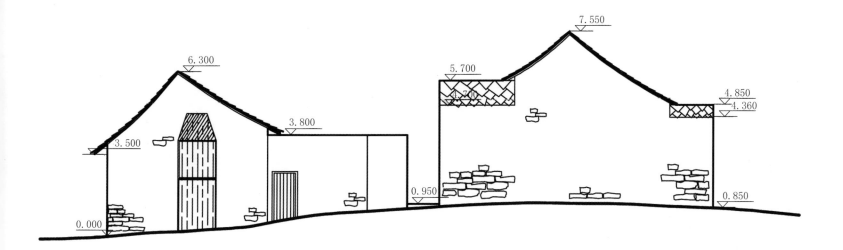

沿街立面图 12

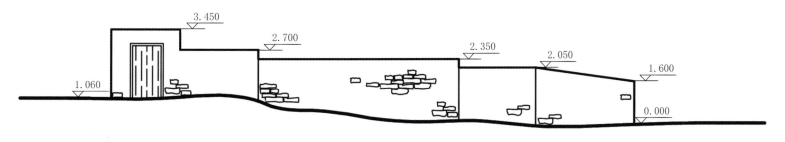

沿街立面图 13

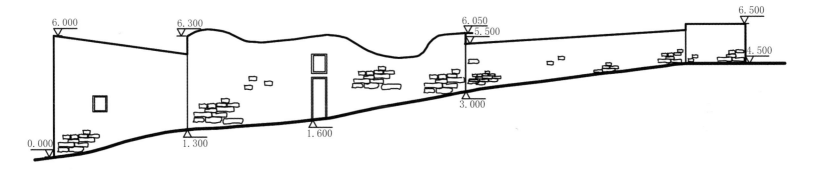

沿街立面图 14

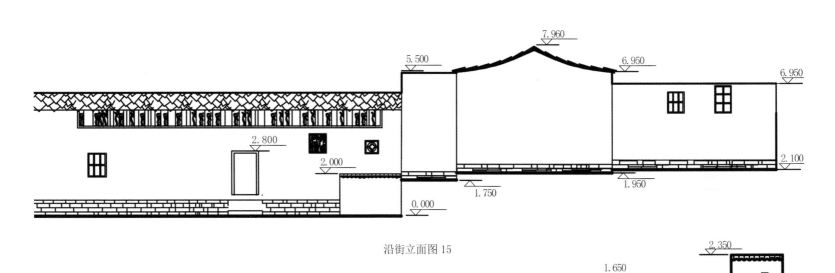

沿街立面图 15

沿街立面图 16

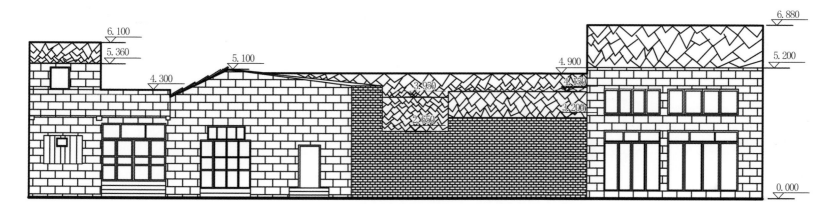

沿街立面图 17

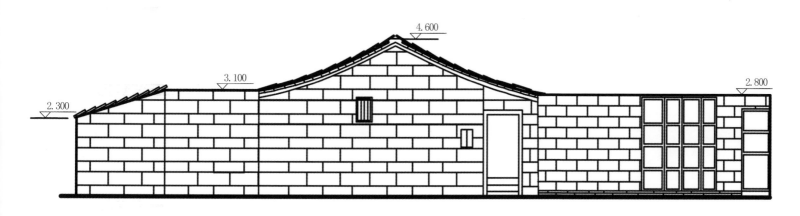

沿街立面图 18

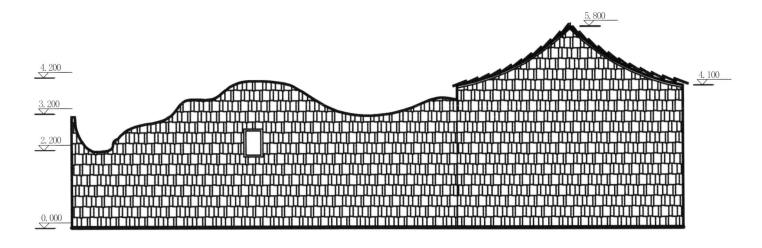

沿街立面图 19

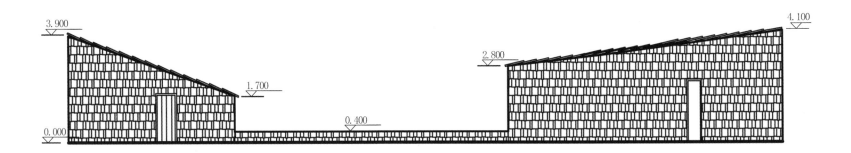

沿街立面图 20

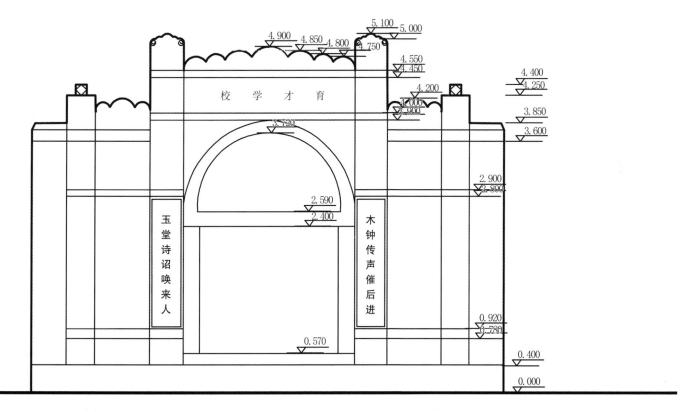

育 才 学 校

玉堂诗诏唤来人

木钟传声催后进

4.900　4.850　4.800
5.100　5.000
4.750
4.550
4.450
4.400
4.250
4.200
4.000
3.900
3.850
3.600
3.720
2.900
2.800
2.590
2.400
0.920
0.780
0.570
0.400
0.000

沿街大门立面图

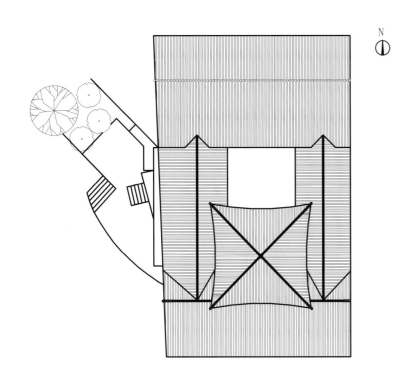

青龙寺屋顶平面图

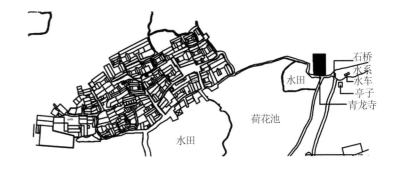

青龙寺位置示意图

青龙寺组成员：袁喆依　李一民　熊定伊　苏　涛　闫　行　崔文欣　刘晓飞　练　佳　王思睿　彭昳霏　李　娟

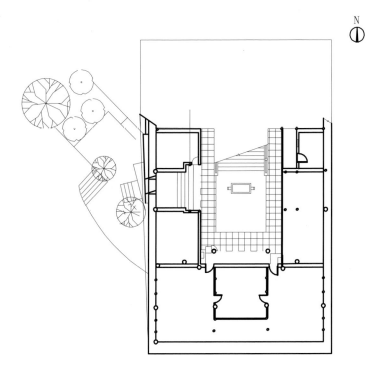

青龙寺一层平面图

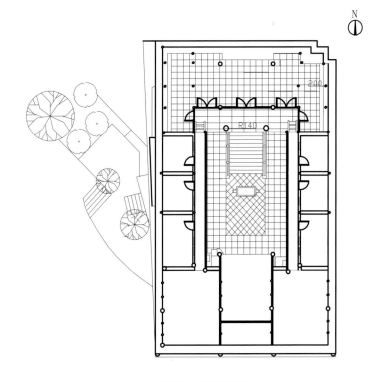

青龙寺二层平面图

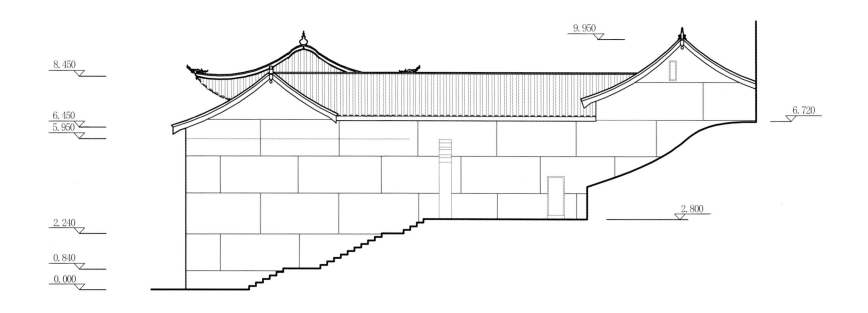

8.450

9.950

6.450
5.950

6.720

2.240

2.800

0.840

0.000

青龙寺东立面图

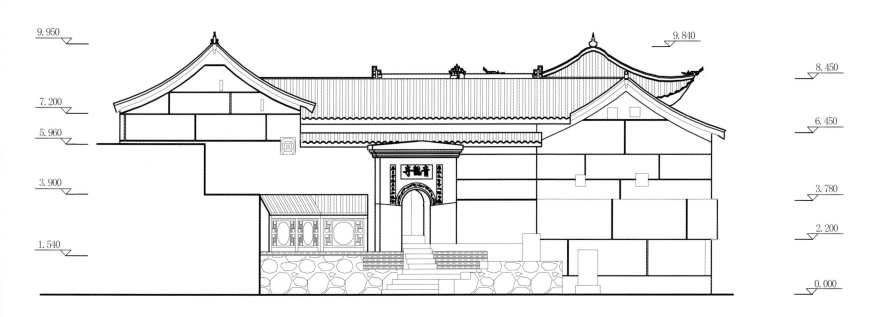

9.950

9.840

8.450

7.200

6.450

5.960

3.900

3.780

2.200

1.540

0.000

青龙寺西立面图

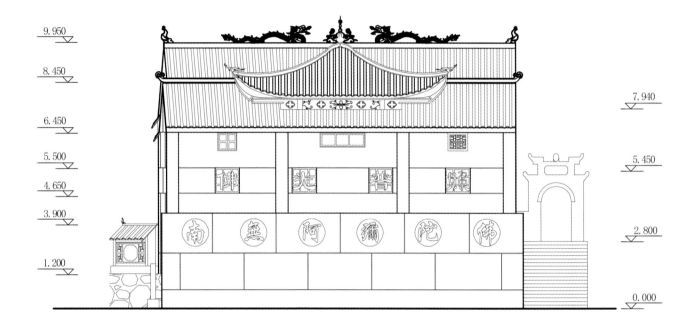

青龙寺南立面图

9.840

8.450

7.550

5.070

4.170

3.350

1.670

±0.000

青龙寺剖面图一

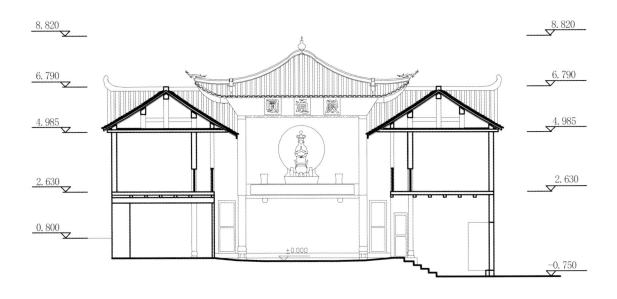

8.820

6.790

4.985

2.630

0.800

殿通圆

+0.000

8.820

6.790

4.985

2.630

-0.750

青龙寺剖面图二

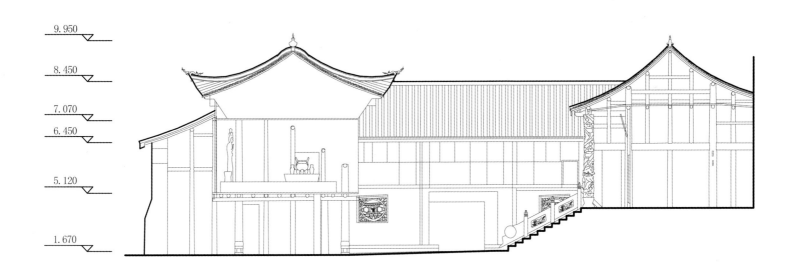

9.950

8.450

7.070

6.450

5.120

1.670

青龙寺剖面图三

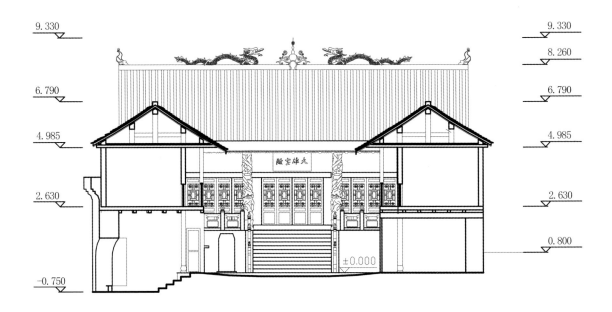

9.330

8.260

6.790

4.985

2.630

0.800

9.330

6.790

4.985

2.630

±0.000

−0.750

大雄宝殿

青龙寺剖面图四

石柱大样示意图　　　　　窗户大样图　　　　　门扇大样图　　　　　门扇大样图　　　　　门扇大样图

屋脊大样图

双狮院组成员：向　娟　杨璧菱　薛　研　张梦茹　李云倩　夏　冰

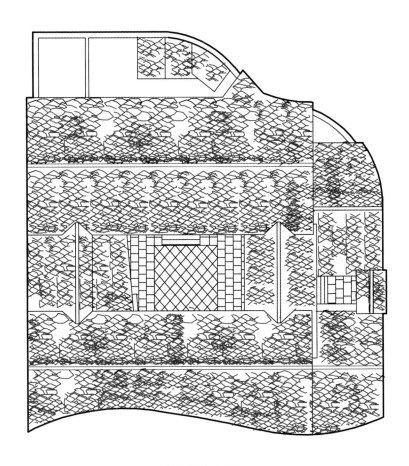

双狮院屋顶平面图

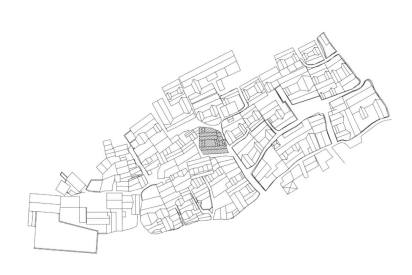

双狮院位置示意图

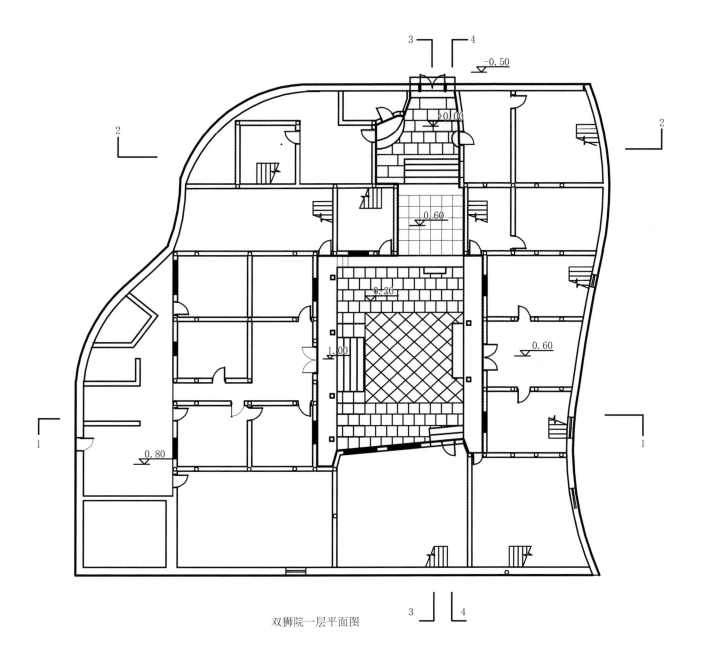

双狮院一层平面图

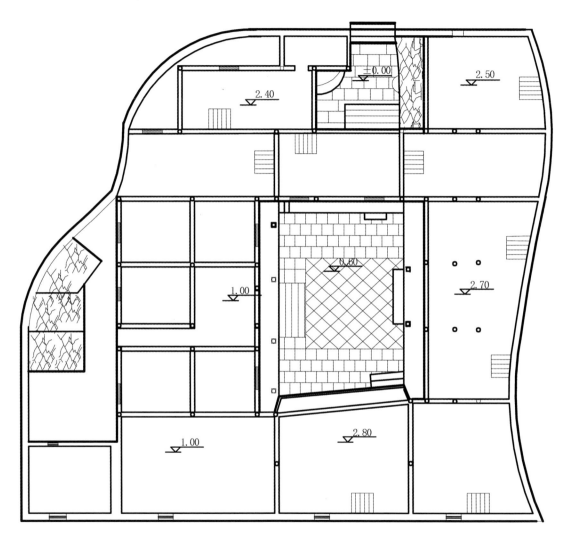

双狮院二层平面图

双狮院 1-1 剖面图

双狮院 2-2 剖面图

双狮院 3-3 剖面图

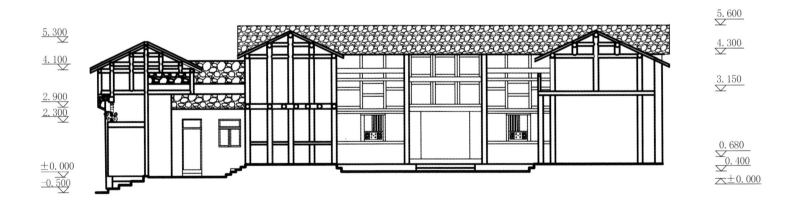

双狮院 4-4 剖面图

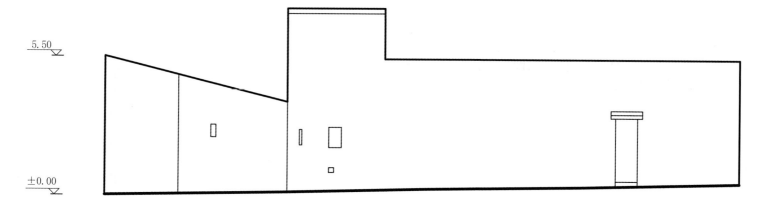

5.50

±0.00

双狮院右侧立面图

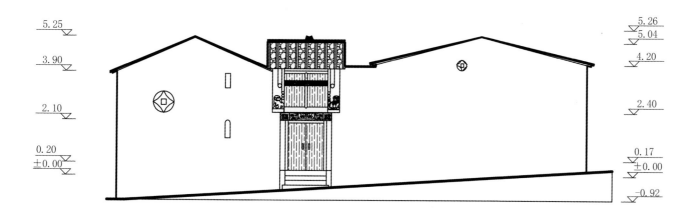

5.25

3.90

2.10

0.20
±0.00

5.26
5.04

4.20

2.40

0.17
±0.00

−0.92

双狮院正立面图

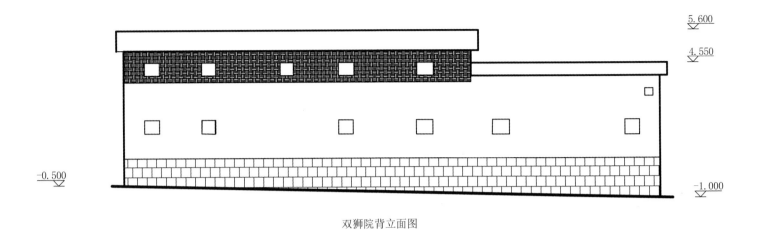

5.600

4.550

−0.500

−1.000

双狮院背立面图

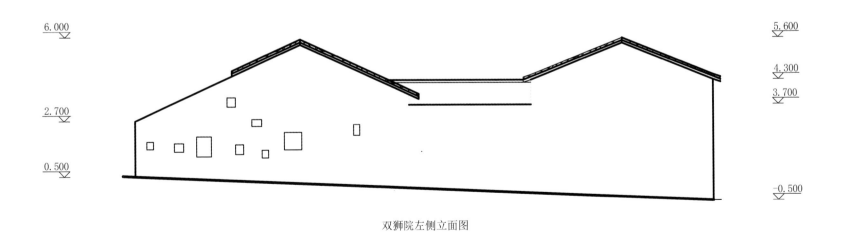

6.000

5.600

4.300

3.700

2.700

0.500

−0.500

双狮院左侧立面图

1.3 《本寨》钢笔画

一世勤劳後代

郭壮作品

王若冰作品

王若冰作品

1.4 本寨课程设计

1.4.1

本寨传统古村落保护与开发规划

指导老师：孙 音 陈春华 陈 鸿

本组成员：李梦晗 甄舒惠 尹 丹

孙艺华 唐明珠 魏意潇

节点改造——水田风光

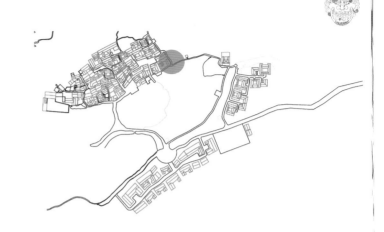

在主要游览区末端处适当拓宽原有道路，主要采用当地石材进行道路的铺装以及沿路石质景观小品的设置，形成游人休憩场地的同时也让古村落与水景风光之间过渡自然。

传统古村落保护与开发规划
贵州本寨

水田风光

节点改造——观景亭

　　此道路适当拓宽，并用不规则石板铺装。在荷塘北岸地势较高处设置一观景亭，中间以数级石板台阶与道路相连，为游人提供休憩和观赏荷塘全景的场地。

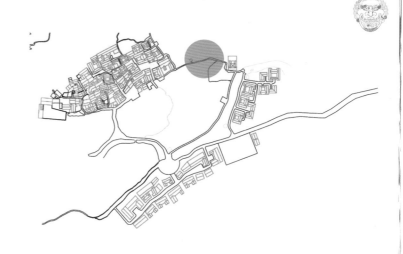

传统古村落保护与开发规划
贵州本寨

观景亭

传统古村落保护与开发规划

贵州本寨

节点改造——荷塘景观带

将荷塘与河道之间的小路拓宽至 1.8 m，并在中部增设一亲水平台，使游人可在此处更多的停留，同时将原荷塘中过于密集的荷花进行一些清理，使荷塘景观更加有层次感。

荷塘景观带

节点改造——入口

对入口石桥处进行改造，修整道路，修建仿屯堡民居大门风格的牌坊，强化入口。

传统古村落保护与开发规划
贵州本寨

节点改造——入口广场

　　拆除入口处新修的现代建筑，形成开敞、形状完整的场地。这一入口广场作为本寨主入口与改建的商业街的入口，可以起到集散、转换人流的作用。

本寨

传统古村落保护与开发规划
贵州本寨

节点改造——中心广场

    拆除中心广场处两栋现代建筑，扩宽广场空间，并在广场一侧利用建筑后墙改造一个露天茶馆，既不破坏广场风貌，又为人迹稀少的广场带来人气。

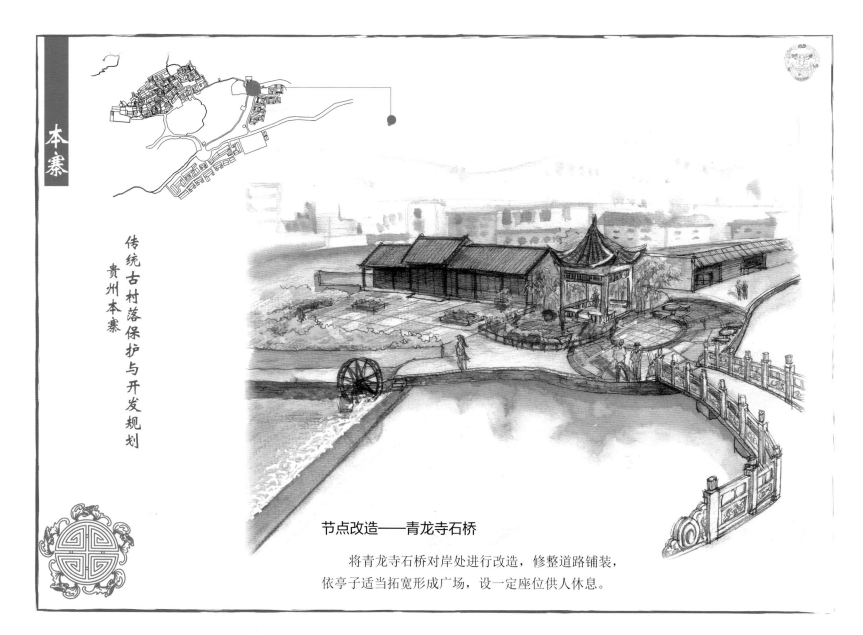

传统古村落保护与开发规划
贵州本寨

节点改造——青龙寺石桥

　　将青龙寺石桥对岸处进行改造，修整道路铺装，依亭子适当拓宽形成广场，设一定座位供人休息。

本寨

休息节点

游览廊架

景观小品

戏台

景观节点改造：

景观节点的设计构想：

一、静态空间的塑造——意象还原、精致设计、营造氛围。通过细节的塑造、情趣化的设计，来营造每一个单体空间的气氛。

本寨旅游景观设计中的运用：

（1）设计的探索性、神秘性、共鸣感；

（2）景观设计精致化、实用化；

（3）生态化、情趣性。

二、动态空间的整合——引导暗示、有意区分、安全游赏。游人在运动的过程中感受屯堡文化的特殊魅力。

指导教师：孙 音 陈春华 陈 鸿 本组成员：曹璐璐 程 业 葛文静 秦 彦 唐 莹 王小雪

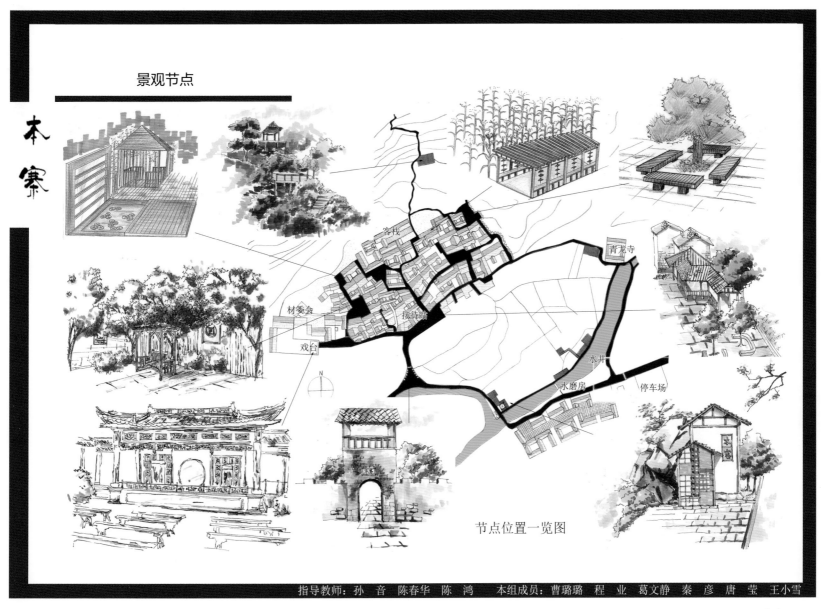

景观节点

本寨

客栈

青龙寺

材委会

接待端

戏台

水井

水磨房

停车场

N

节点位置一览图

指导教师：孙 音 陈春华 陈 鸿 本组成员：曹璐璐 程 业 葛文静 秦 彦 唐 莹 王小雪

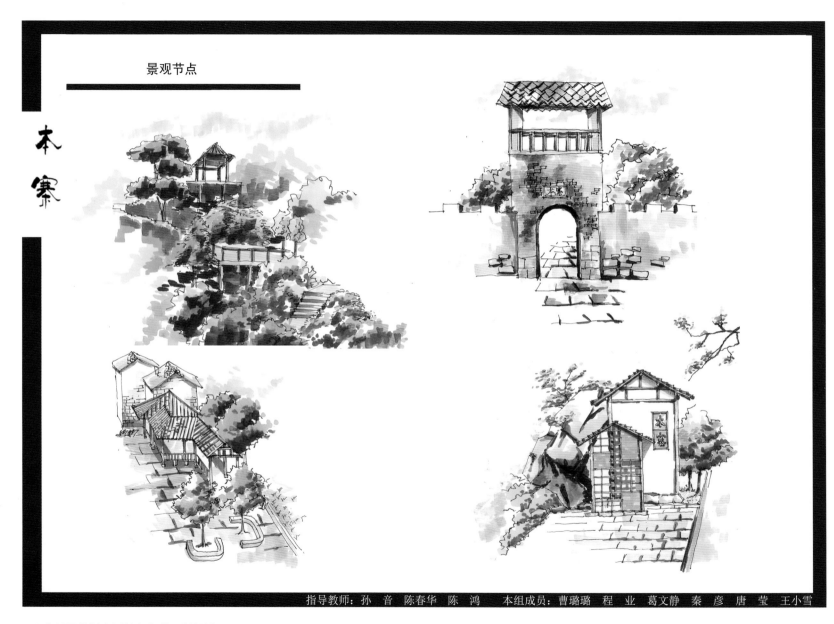

景观节点

本寨

本寨测绘师生合影

本寨测绘师生合影

2 水苗古寨

测绘指导老师：

陈春华　曾艺君

测绘学生：

总 平 面 组：米名璇　彭千芮　张　可　茅梦媛　闫　彧　唐路嘉　王哲玥
　　　　　　　相　宜　李　君

地形高程组：高　琛　郑寒梅　李文文　张　瑜　叶　舜　陈婉晴　赵玉龙
　　　　　　　陈嘉逸　张　翔　张云鑫　张雪琛

街道立面组：蔡诗瑜　程　晴　陈　媛　朱　妙　黄航宁　吕雅婷　全雨霏
　　　　　　　唐　双　徐锦桐　廖丹琳　曾　珠

重点建筑组：黄晨旭　康梦琦　谭　逍　刘星龙　马润民　杨方超　周瑜川
　　　　　　　朱楷周　王诗琪　杨广建　陈　健　王邑心　张赵安

2.1 关于水葩古寨

2.1.1 水葩古寨概况

水葩古寨系"恩铭故里·原生水寨"之一，位于荔波、三都水族分布的中心区，是水族村寨中环境最优美、民风最淳朴、年代最久远的一个自然村寨，距荔波县城12 km，"荔三公路"穿寨而过，交通便利，区位优越。水葩古寨就像万亩园林中的一朵鲜花，是水族地区的一朵奇葩，故因此而得名。

2.1.2 水族文化

水族是一支能歌善舞的民族，有让人陶醉的水族歌舞，更有被誉为象形文字"活化石"的水书，还有"像凤凰羽毛一样美丽"的国家非物质文化遗产——马尾绣。马尾绣用马的尾鬃勾勒线条，用马尾和五彩的棉线、丝线等材料绣出动植物图案以及文字。马尾绣是水族人民智慧的象征。马尾绣背带在水族生活礼仪中具有特殊意义，水族妹子出嫁后，生育第一个孩子时，马尾绣背带以及马尾绣银佛童帽作为富贵吉祥的象征，是外婆（或舅母）探视新生儿的必备礼物。而且只有生育第一个孩子时，母子才能享受此殊荣。这种传统流传下来的主要原因是马尾绣背带制作工序繁杂、价格昂贵、经久耐用，娘家人希望自家女儿婚姻稳固，家庭幸福美满。

水族人民独特的"豆浆印染"技艺，相传已有七百年的历史。他们先将硬纸板镂成各种花鸟及几何图案，然后将模板平铺于白布之上，再刷上特制的黄豆浆，待豆浆干透后即浸入靛液缸中浸染，最后洗净晒干刮去豆浆，即呈现出蓝底或青底白花图案。

同时，水族还有色彩鲜艳亮丽的民族服饰、银饰等传统工艺品。

水族的节庆也很有特点，主要的节日有端节、苏宁喜节、敬霞节等。端节是与汉族的春节相似的一个节日，时间在水历十二月至次年二月（相当于农历八月至十月），每逢亥日，各地依传统分批过节。苏宁喜节的时间在水历的四月丑日，即农历十二月第一个丑日，据水族传说，这一天是水族神仙——"生母娘娘"向人间送子嗣的日子，所以又叫"娘娘节"，节日的主要内容就是祭祀生母娘娘。敬霞节是敬拜水神的节日，是以血缘家庭为单位，各村寨联合举行祈祷雨水的原始宗教活动。

水族的婚庆礼仪别具一格，留有较浓的传统色彩，讲究明媒正娶。青年男女相爱后，先托人告诉双方家长。若家长表示愿意，男方才请媒人去女方家送礼定亲，并择定吉日，派人抬着猪仔去女方家"吃小酒"。正式迎亲时，再抬大猪到女方家"吃大酒"。接亲与送亲，多数是盛装的新娘打一把故意撕开一条缝的红伞步行在前，接亲与送亲的伴郎、伴娘及抬着嫁妆的长队紧随其后。

2.1.3 水葩古寨聚落形成的历史背景

对于水族的来源，民间和学术界出现殷人后裔说、百越（两广）源流说、江西迁来说、江南迁来说等说法，实际是针对水族发展史上某一时段或某一分支而论，都有一定的历史性与合理性。据《百越源流史》载，大约在殷商之后，水家先民从中原往南迁徙，逐步融入百越族群之中，并形成了以中原文化、百越文化为主流的，南北民族融合的二元结构形式。岭南地区以及东南沿海一带，古代居住着许多部落，史学界统称为"百越"。水族先民南迁之后可能融入百越的"骆越"支系中，然后逐步发展成为单一民族。因此，水族社会保留着殷商文化圈和百越族群的浓郁文化遗存。

根据《荔波县志》相关记载以及水苗寨部分寨老的回忆叙述，水苗寨的水族先民大约于明末清初从三都一带和荔波其他水族古寨逐渐迁至水苗寨聚居。

2.1.4　聚落选址

水苗古寨，位于中国贵州黔南布依族苗族自治州荔波县，东北与黔东南苗族侗族自治州的从江县、榕江县接壤，东南与广西壮族自治区的环江县、南丹县毗邻，西与独山县相连，北与三都水族自治县交界，是一座拥有悠久历史的水族聚居村落。

水苗古寨位于荔波县玉屏街道水甫村，是一个水族民居古寨，四周青山环绕，民居依山就势，整个村寨都是吊楼木房，极具观赏价值和科考价值。

2.1.5　防御体系

道路系统：道路弯曲，错综交叉，呈Y形沿山势而上。

建筑：民居外观古朴简单。寨中并没有特殊的防御措施或建筑。

2.1.6　建筑

水苗古寨木楼错落有致，民族建筑独具特色，民居均为木质结构的"干栏"式楼房。这是具有悠久历

史的建筑形式，其上修建木结构的一层平房或二层楼房，底层立柱与上层立柱互不连通，断然两个建筑实体，以适应潮湿、多蛇、多害虫等特殊环境。在门窗、梁柱、隔断、神龛等处都有形式各样的浅浮雕，图案大多是表现水族人民现实生活的画卷，还有人们所熟悉的鱼、鸟、凤凰、牛、马等飞禽走兽，也有当地群众喜闻乐见的吉祥图案，如"吉庆有余""五谷丰登""平安如意""龙凤呈祥"和"福""禄""寿""喜"等，这些图案以象征或寓意的手法，表达了水族人民追求美好生活的愿望。

建筑的布局形式一般为并联式，中间有时由道路隔开，有时由植被隔开；也有由于坡度的原因而产生退进的情况。水葩古寨的木楼大多为 2～3 层，一层通常作为仓储用，二层三层作为居住用，其中在二层主要是起居和做饭的功能，三层主要是居住和仓储的功能。

2.1.7　建筑装饰

门窗：门以木板材质为主，窗的尺寸较小，通常为 60 cm×60 cm，且开窗不多。

细部：　柱础、地漏、台阶、台基，均为石头材质。

水葩古寨在其发展的过程中将水族文化较好地保存，同时在手工艺技术方面进行改良和发扬。水族人民特有的习俗和生活习惯对村落的形态和建筑均产生了一定影响。

2.2 水蓓古寨测绘成果

总体鸟瞰图

西南方向鸟瞰图

南向鸟瞰图

西侧村落透视图

东侧村落透视图

村落入口鸟瞰图

建筑群落透视图

街道节点透视图

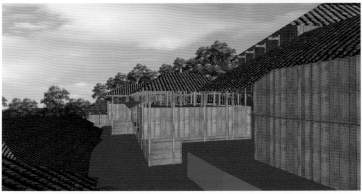

街道内部
透视图

图底关系

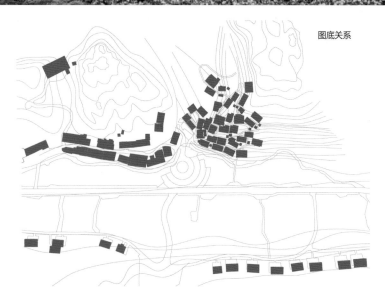

水葩古寨总平面图

本组成员：张　可　唐路嘉　彭千芮　米名璇　王哲玥
　　　　　相　宜　茅梦媛　李　君　闫　彧

指导老师：陈春华　曾艺君

水葩古寨总平面图

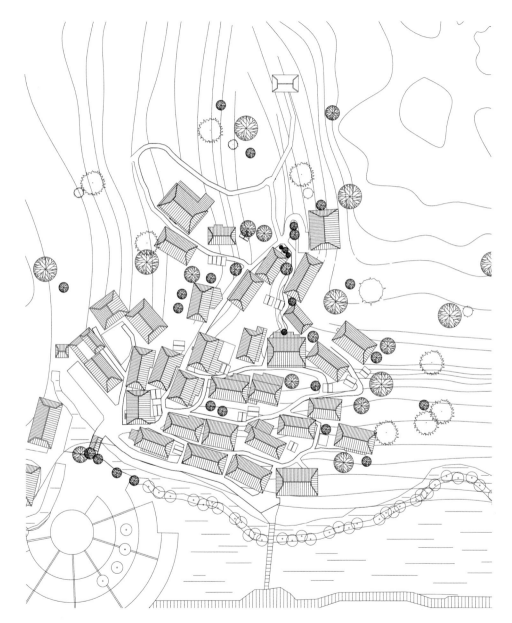

水菋古寨原始村落核心区总平面图

保存情况

保存完好

保存较完好

部分损毁

损毁严重

建筑层数

一层

二层

三层

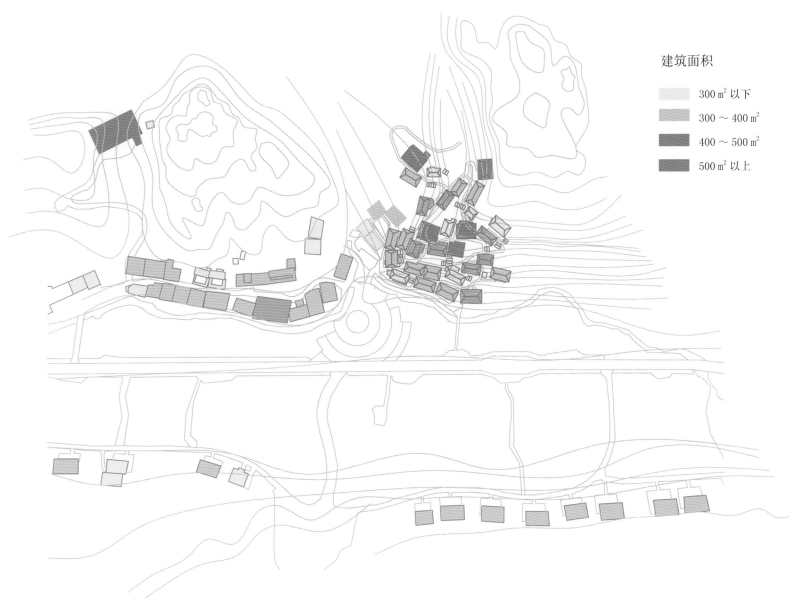

建筑面积

300 m² 以下

300 ~ 400 m²

400 ~ 500 m²

500 m² 以上

新旧程度

新建筑

老建筑部分加建

老建筑

建筑年代

20 年以下

20 ～ 30 年

30 ～ 40 年

40 年以上

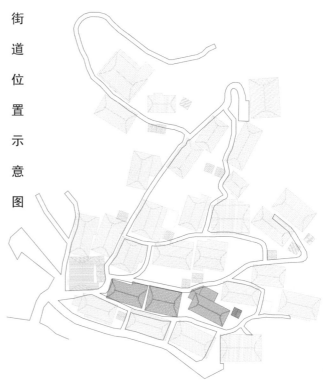

该街道位于水萡古寨前端，呈东西方向。整条街共有 3 个主要建筑，均有人居住。建筑年代最早可往上追溯三代，属于水萡古寨传统民居典型——干栏式建筑。该街道全长 70 m 左右，原属于古寨中的展示界面，但因为近几年开发，新建房屋在其前方形成了大面积遮挡。

东西向主要街道

本组成员：程　晴　蔡诗瑜　陈　媛
　　　　　黄航宁　朱　妙　吕雅婷
指导老师：陈春华　曾艺君

东西向街道立面

海拔：535m

A　B C　D　E　F

0 1　6m

　　整个街道风貌良好，木质结构保存完善；整体质感不算陈旧，但能表现出年代感。但由于村寨开发，距离该街道不到3m的前方修建了一整排仿干栏式的现代建筑，将整条街道的展示面完全挡住，无法获取完整街道立面形象，较为遗憾。

东西向街道剖面

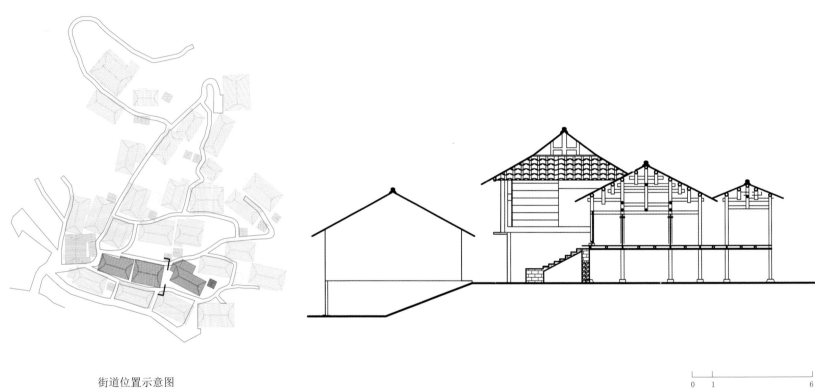

街道位置示意图

0 1 6

南北向主要街道

　　该街道位于水莅古寨中心，呈南北方向。属于水莅古寨的核心街道，生活性、交通性很强。该街道拥有一栋重点建筑，属于古寨标志性建筑。部分建筑已无人居住，但整体风貌保存较好。整条街全长 110 m 左右。

本组成员：唐　双　　全雨霏　　曾　珠
　　　　　徐锦桐　　廖丹琳
指导老师：陈春华　　曾艺君

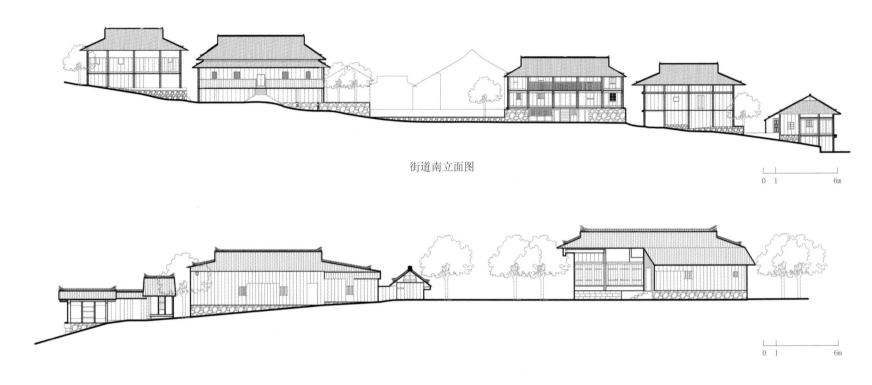

街道南立面图

0 1 6m

街道北立面图

0 1 6m

街道立面展示完善，有重点建筑坐落于此。街道依地形顺势而建，有较大高差，同时街道中间有较大开敞空间，是村民们日常交通通行、生活活动的主要场所。

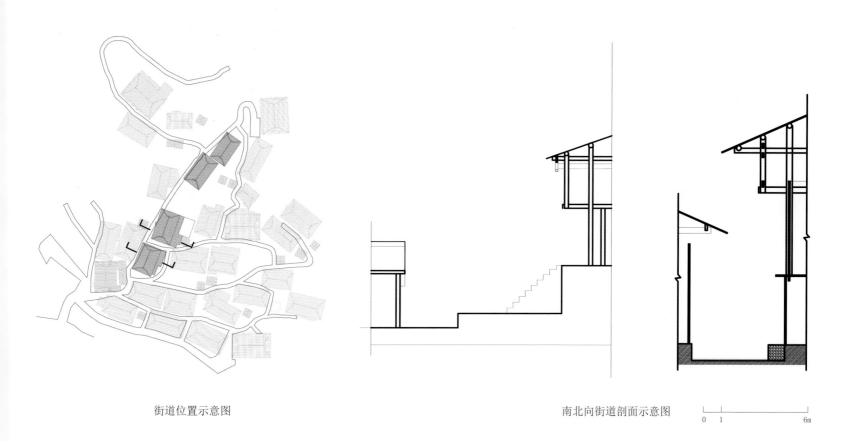

街道位置示意图　　　　　　　　　　　　　南北向街道剖面示意图

0　1　　　　　　6m

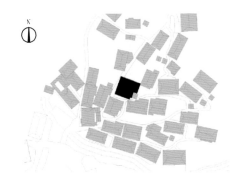

该建筑位于村上山路的中央，沿着上山路布置，结构为典型的干栏式结构，保存完好，室内采光与通风良好。建筑分三层：底层、二层和三层。底层用于囤放货物，二层和三层为起居室和卧室。

重点建筑 1

本组成员：黄晨旭　康梦琦
　　　　　谭　逍　刘星龙
　　　　　马润民

指导老师：陈春华　曾艺君

总平面示意图

北

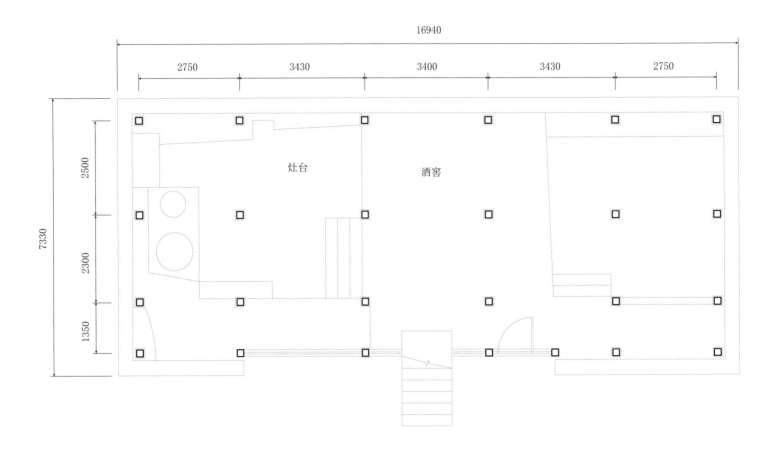

16940

2750　　　3430　　　3400　　　3430　　　2750

2500

7330

2300

1350

灶台

酒窖

首层平面图

北

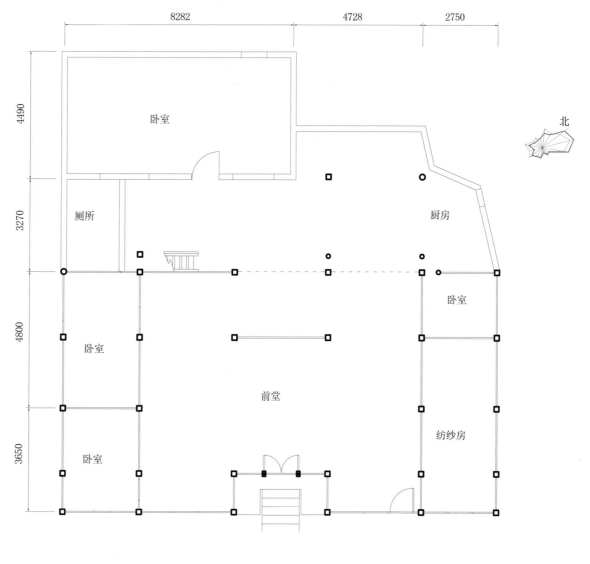

8282 4728 2750

4490

北

卧室

3270

厕所

厨房

卧室

4800

卧室

前堂

纺纱房

3650

卧室

二层平面图

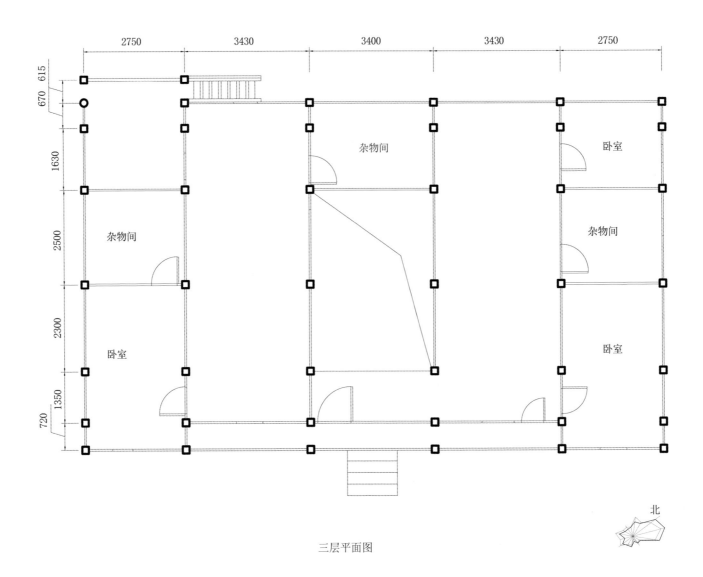

2750   3430   3400   3430   2750

杂物间

卧室

杂物间

杂物间

卧室

卧室

北

三层平面图

7.280

5.950

4.280

2.450

±0.000

-1.960

南立面图

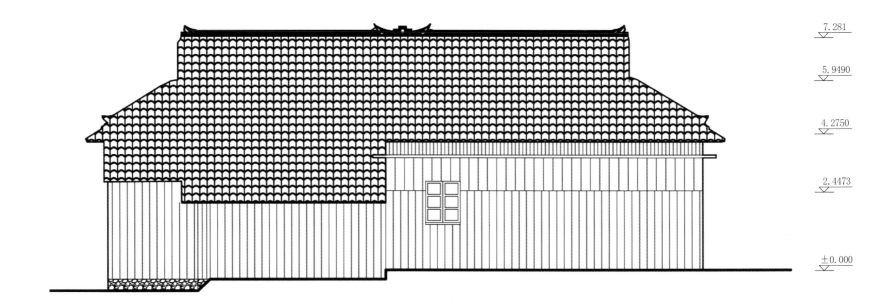

7.281

5.9490

4.2750

2.4473

±0.000

西立面图

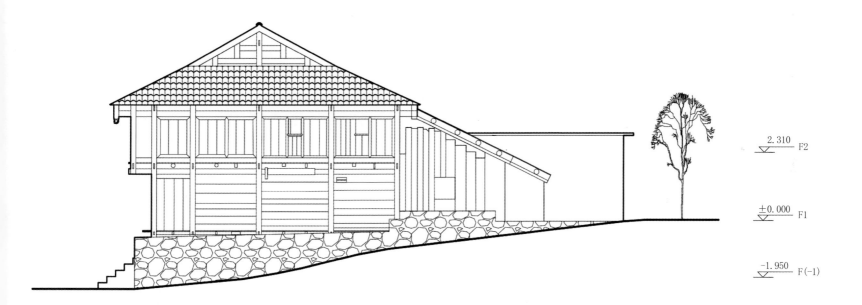

$\underline{\nabla}$ 2.310 F2

$\underline{\nabla}$ ±0.000 F1

$\underline{\nabla}$ -1.950 F(-1)

北立面图

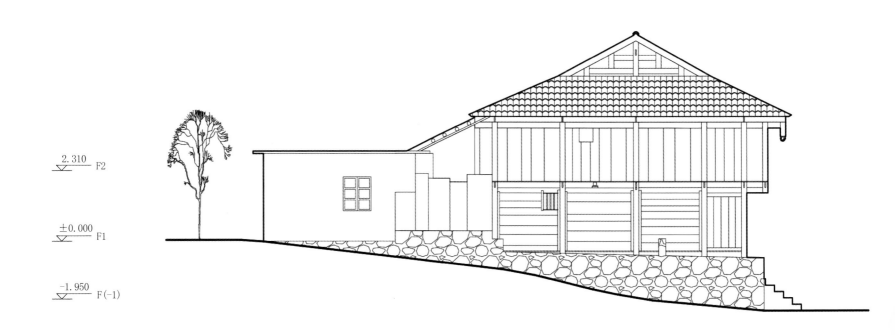

2.310 ▽ F2

±0.000 ▽ F1

−1.950 ▽ F(−1)

东立面图

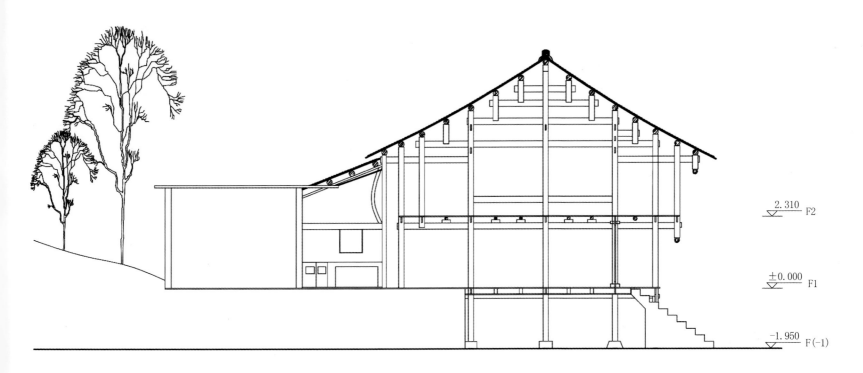

2.310 ▽ F2

±0.000 ▽ F1

−1.950 ▽ F(−1)

1-1 剖面图

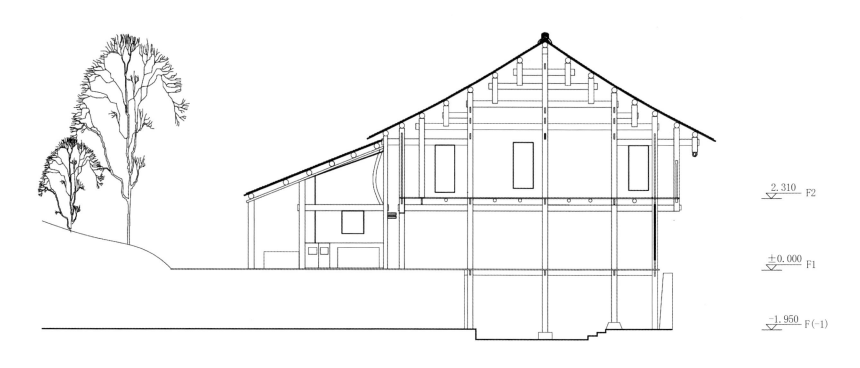

2-2 剖面图

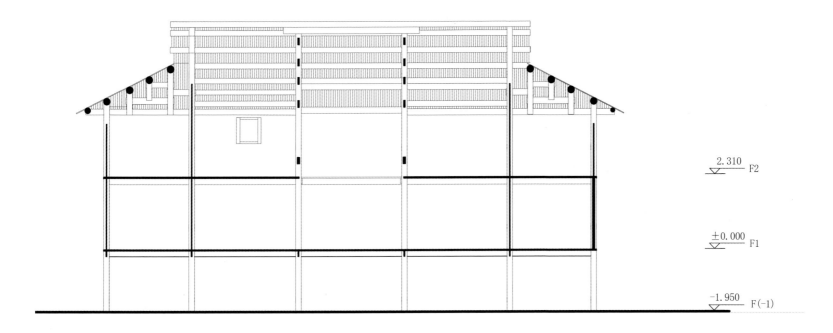

2.310 F2

±0.000 F1

−1.950 F(−1)

3-3 剖面图

模型透视

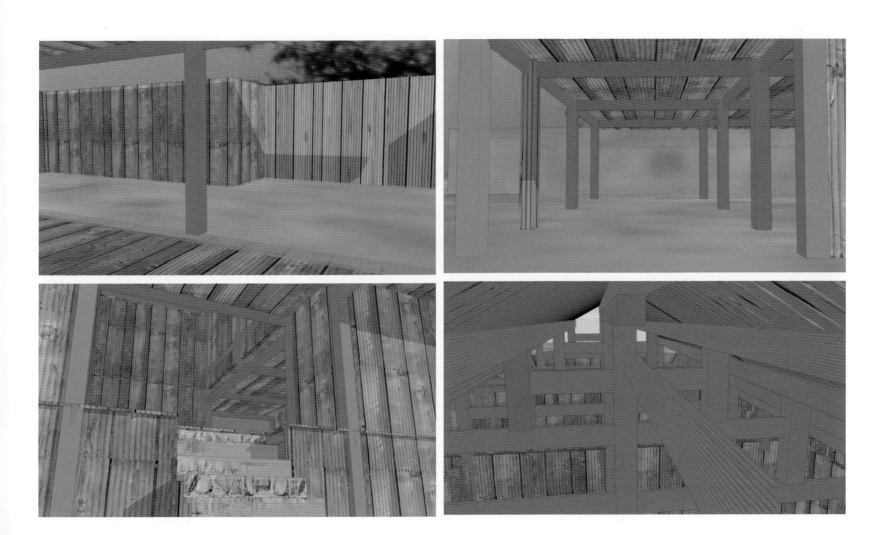

模型透视

该建筑位于村上山路的端头（如图所示），现状作为工人宿舍在使用，方便工人上山作业。

该建筑沿着上山路布置，呈东西方向，为典型的干栏式结构，保存完好，室内采光与通风良好。建筑分三层：地下一层、首层和二层。地下一层用于囤放货物，首层和二层为工人们的起居室和卧室。

重点建筑 2

本组成员：杨方超　周瑜川
　　　　　朱楷周　王诗琪
指导老师：陈春华　曾艺君

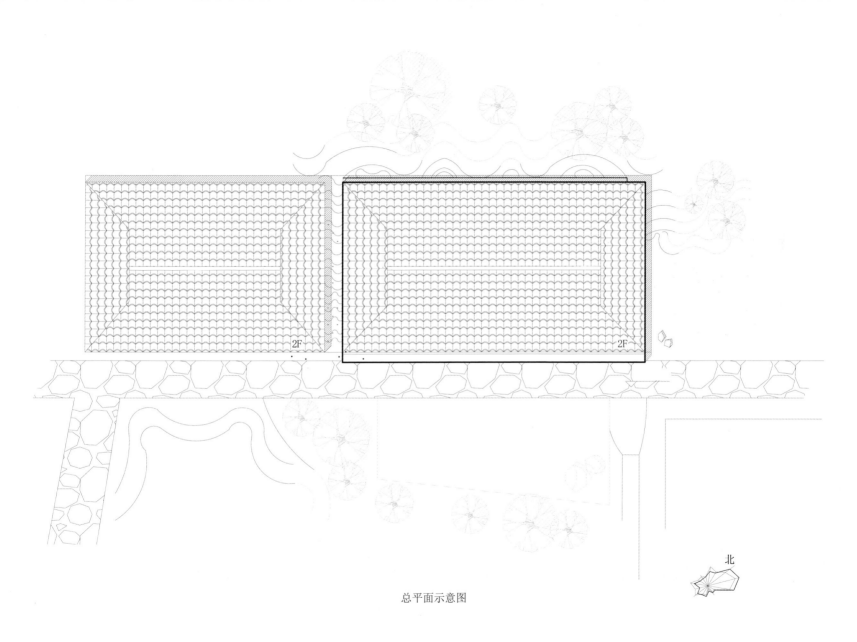

北

总平面示意图

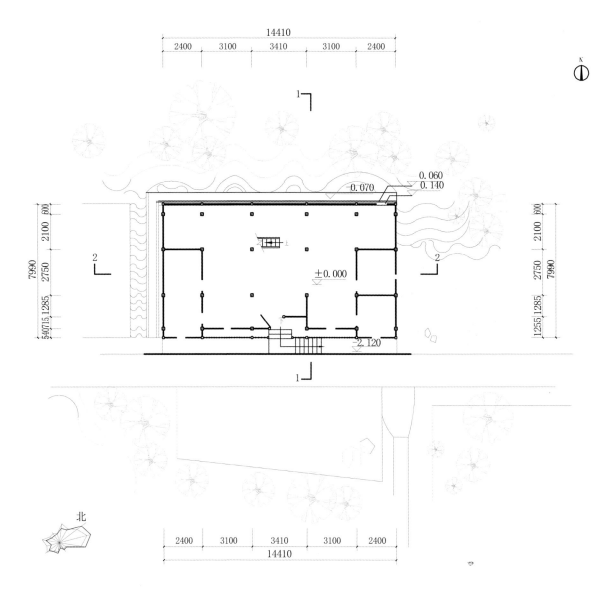

14410

2400 3100 3410 3100 2400

1

0.060
0.140
-0.070

600

2100

7990 2750

540715 1285

±0.000

2

2.120

1

N

2400 3100 3410 3100 2400

14410

北

600

2100

2750 7990

1255 1285

2

首层平面图

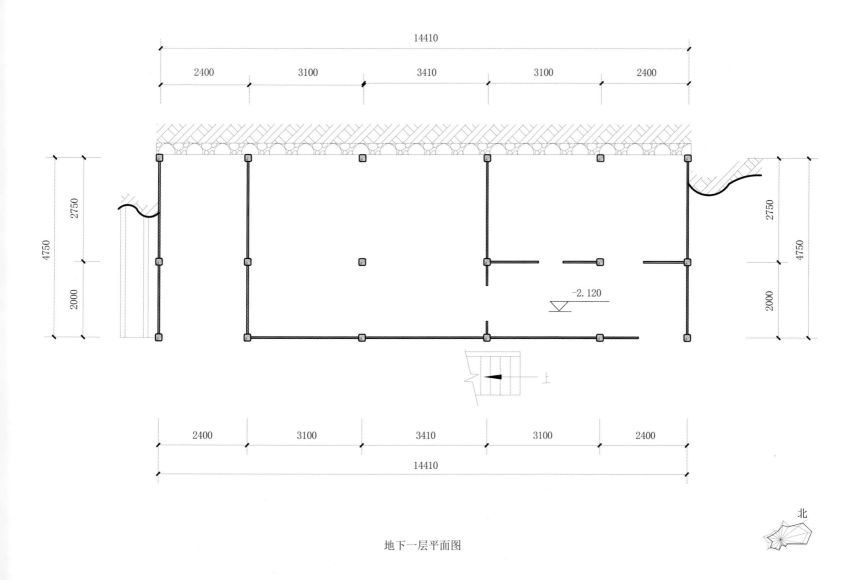

地下一层平面图

北

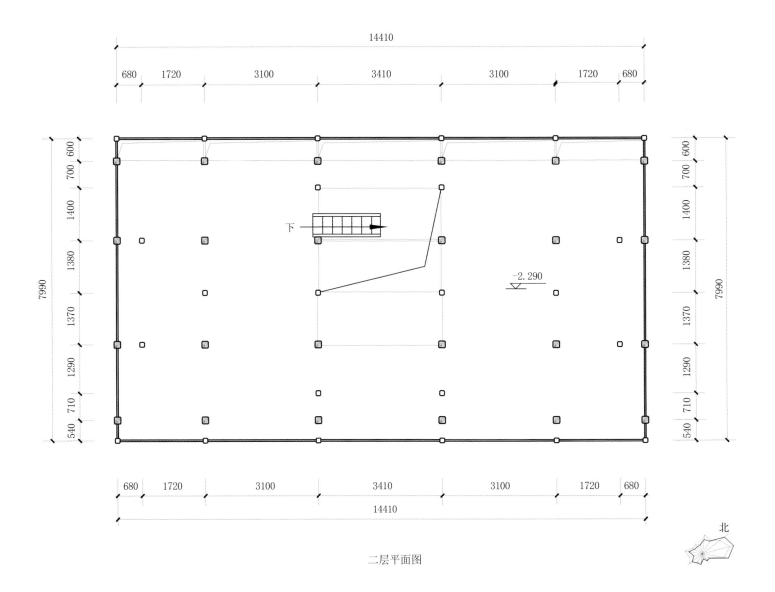

14410

680　1720　　3100　　　3410　　　3100　　1720　680

7990

680　1720　　3100　　　3410　　　3100　　1720　680

14410

600
700
1400
1380
1370
1290
710
540

下

−2.290

北

二层平面图

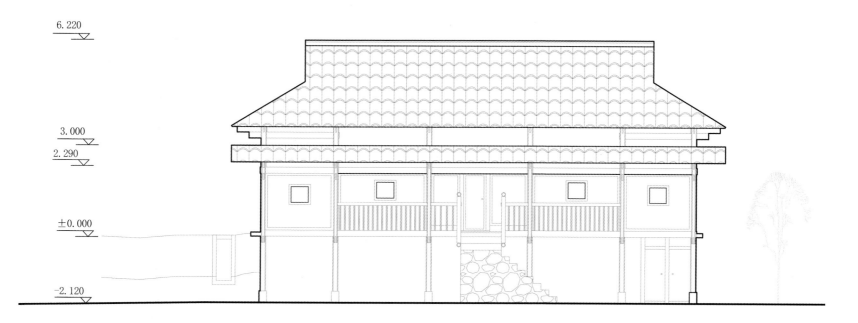

6.220

3.000

2.290

±0.000

-2.120

西立面图

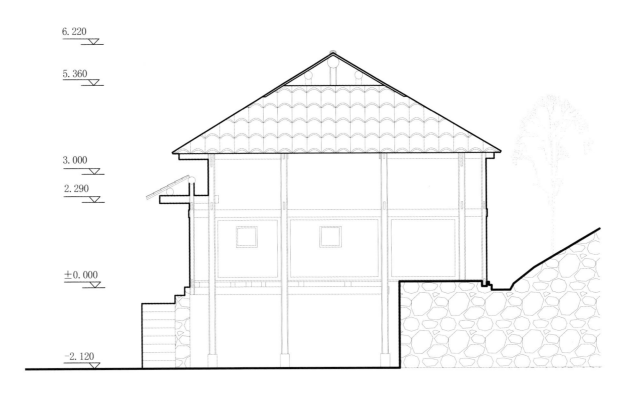

6.220

5.360

3.000

2.290

±0.000

-2.120

南立面图

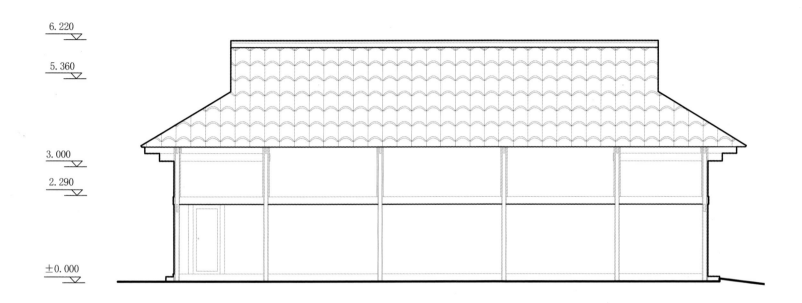

6.220

5.360

3.000

2.290

±0.000

东立面图

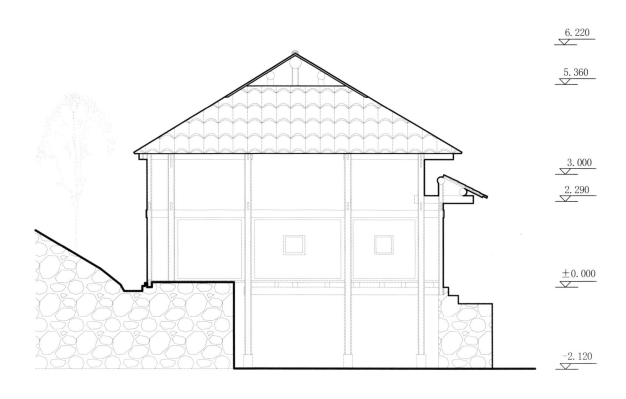

6.220

5.360

3.000

2.290

±0.000

-2.120

北立面图

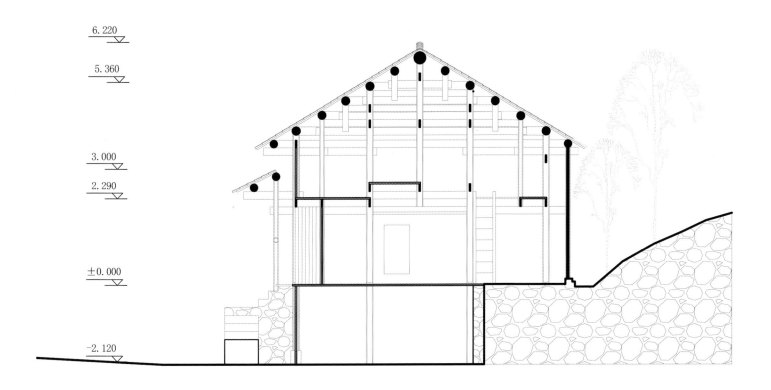

6. 220

5. 360

3. 000

2. 290

±0. 000

−2. 120

1-1 剖面图

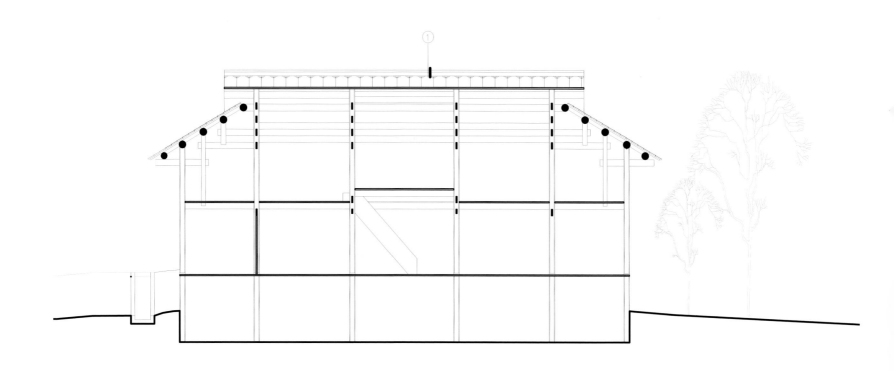

2-2 剖面图

模型透视

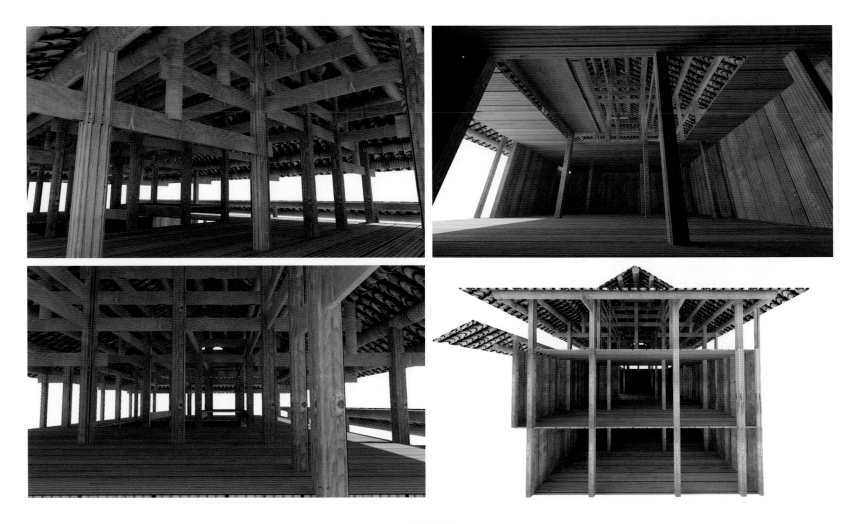

模型透视

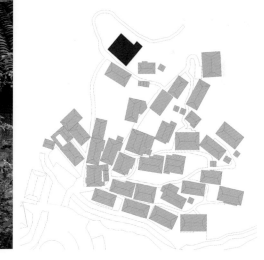

该建筑位于村庄西北角地势最高处（如图所示），现状作为普通民居使用，村长家常年居住于此，房屋使用情况较好，房屋结构保留完整。屋顶形式为重檐歇山屋顶，建筑主要为木构，建筑基地和墙体为当地石材和土料。

该建筑朝西南，采光和通风良好，为典型的干栏式结构，保存完好。建筑分三层：底层、二层和三层。底层用于囤放货物，二层和三层作为起居室和卧室。

重点建筑 3

本组成员：杨广建　张赵安
　　　　　陈　健　王邑心
指导老师：陈春华　曾艺君

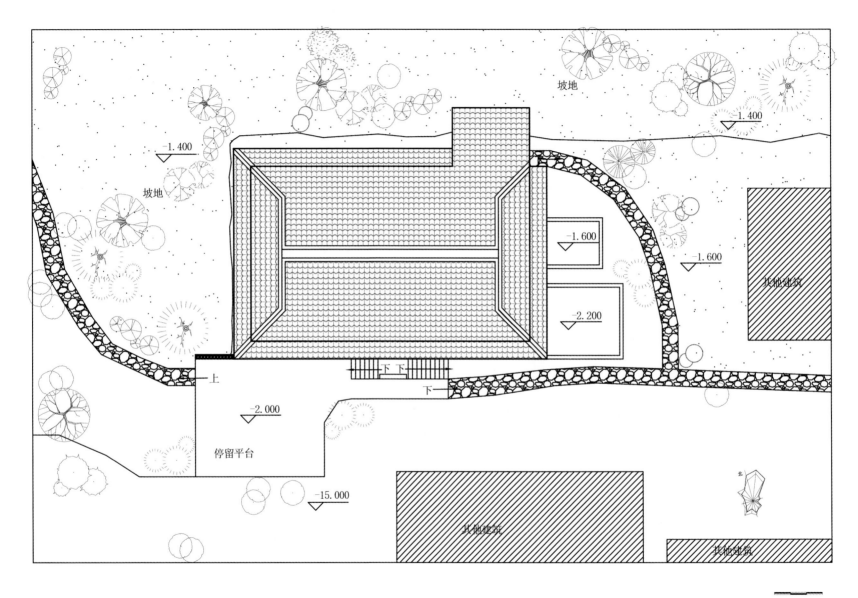

坡地

坡地

-1.400

-1.400

-1.600

-1.600

-2.200

其他建筑

上

下　下

下

-2.000

停留平台

-15.000

其他建筑

其他建筑

北

总平面图

0 1000 2000 3000

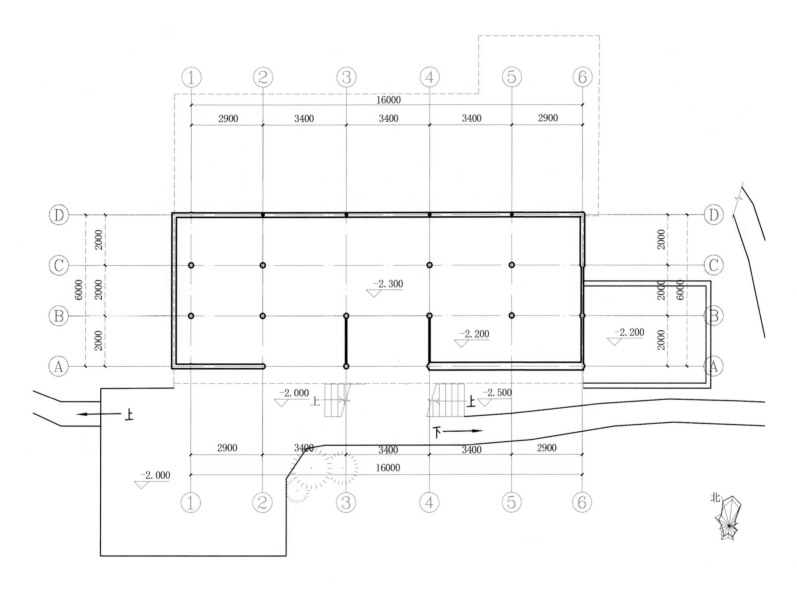

底层平面图

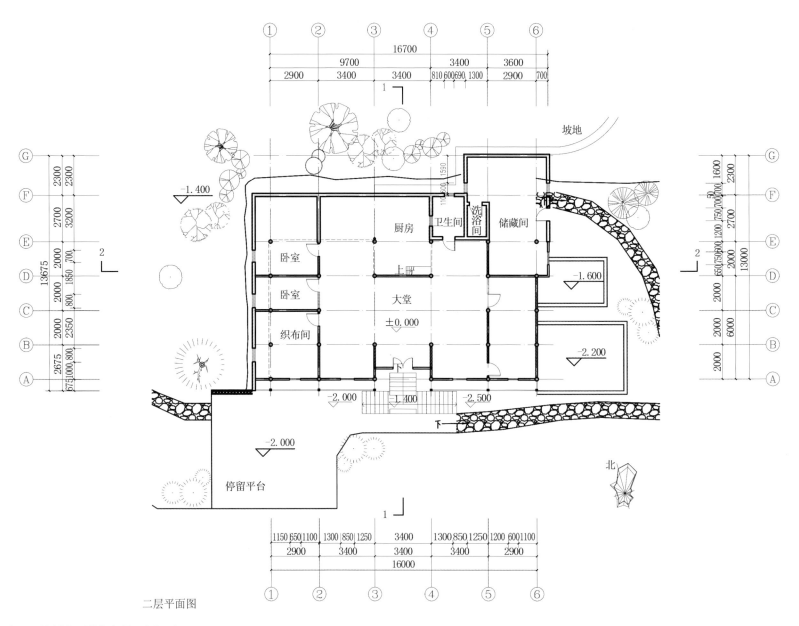

二层平面图

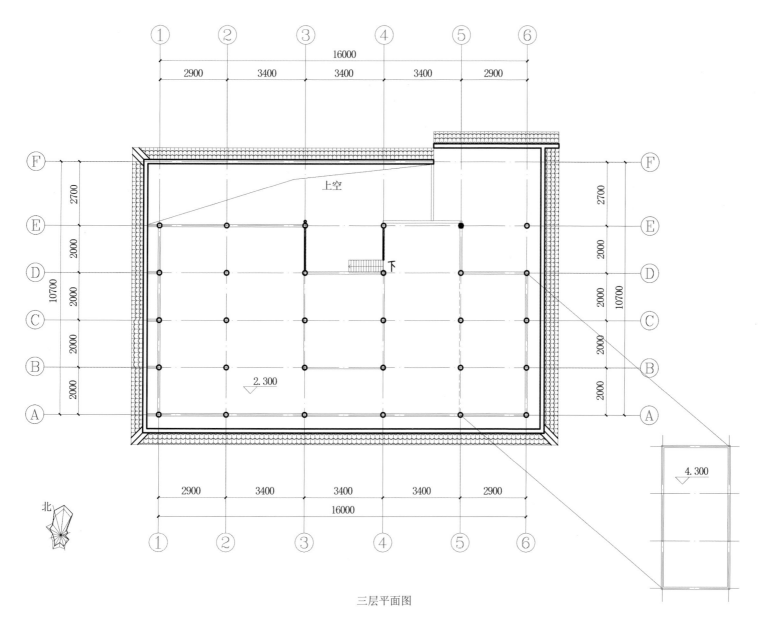

三层平面图

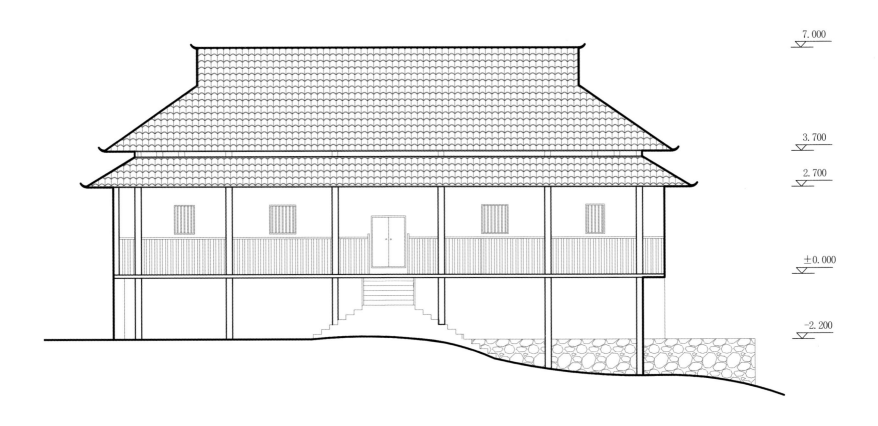

7.000

3.700

2.700

±0.000

-2.200

南立面图

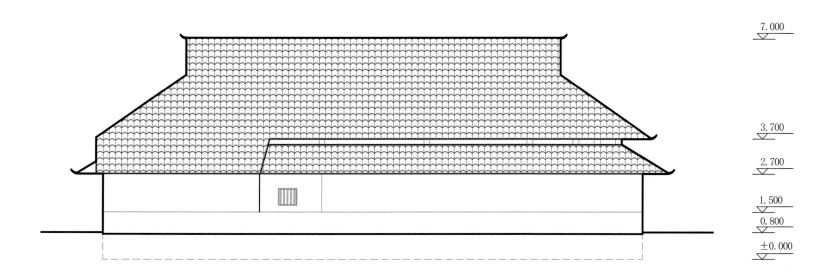

7.000

3.700

2.700

1.500

0.800

±0.000

北立面图

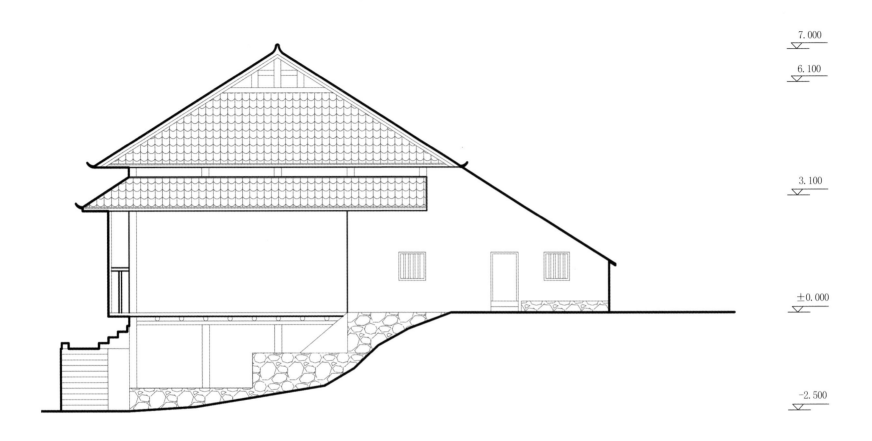

7.000

6.100

3.100

±0.000

−2.500

东立面图

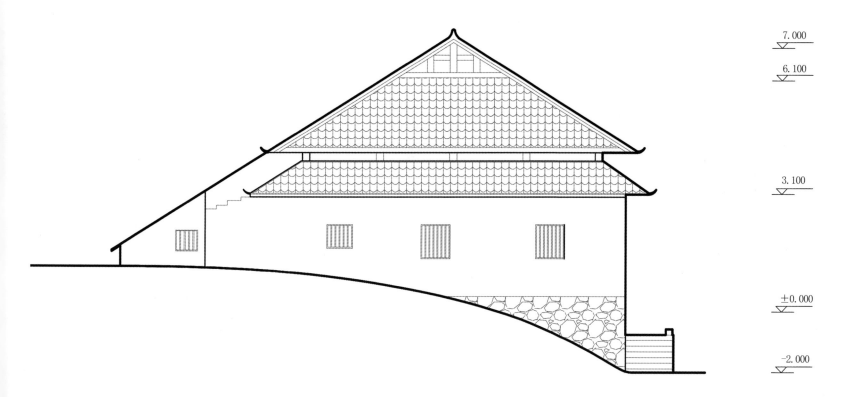

西立面图

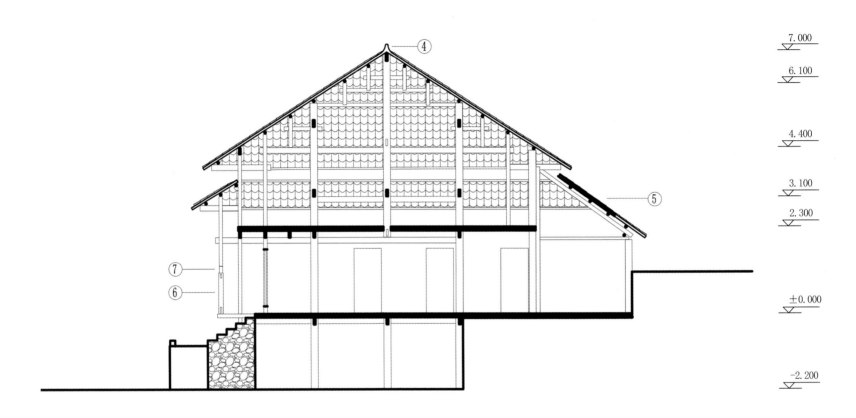

1-1 剖面图

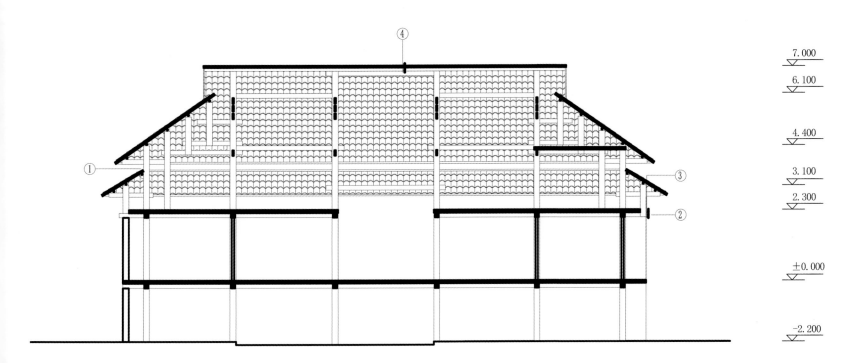

7.000

6.100

4.400

3.100

2.300

±0.000

-2.200

2-2 剖面图

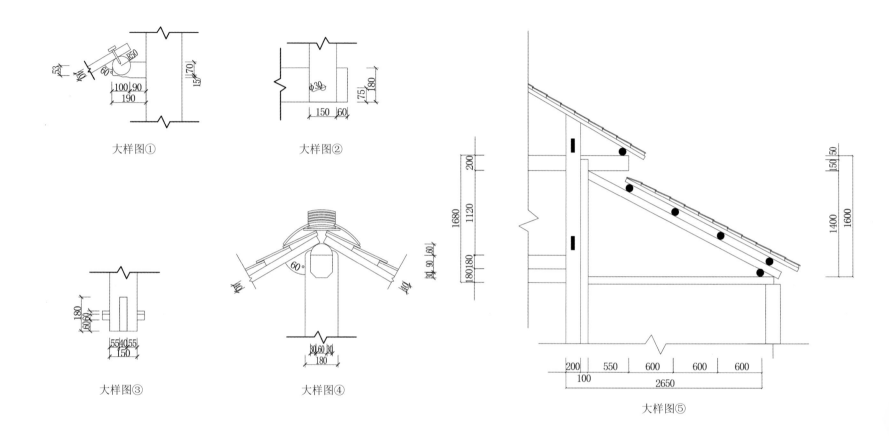

大样图①

大样图②

大样图③

大样图④

大样图⑤

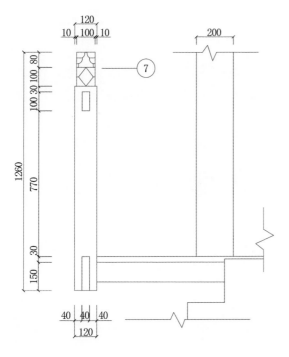

大样图⑥

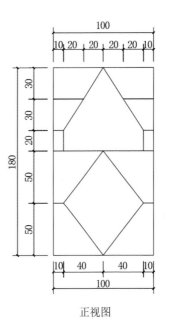

正视图 俯视图

大样图⑦

模型透视图

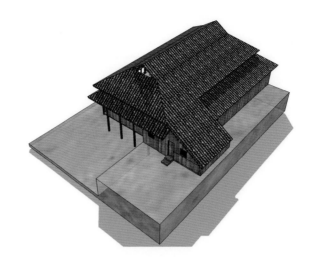

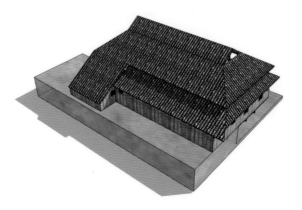

模型透视图

2.3 水蓖古寨课程设计

2.3.1 水蓖古寨——传统村落保护与更新

本组成员：陈嘉逸　陈婉晴　全雨霏　唐　双　徐锦桐
指导老师：孙　音　陈春华　吴　潇

基地综合分析

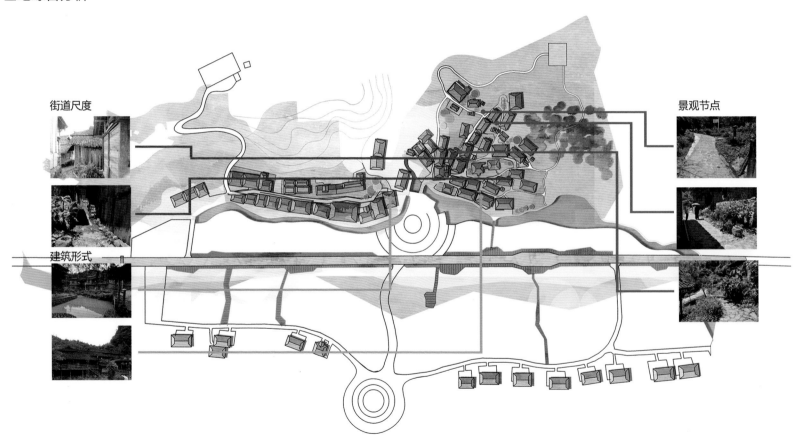

街道尺度

景观节点

建筑形式

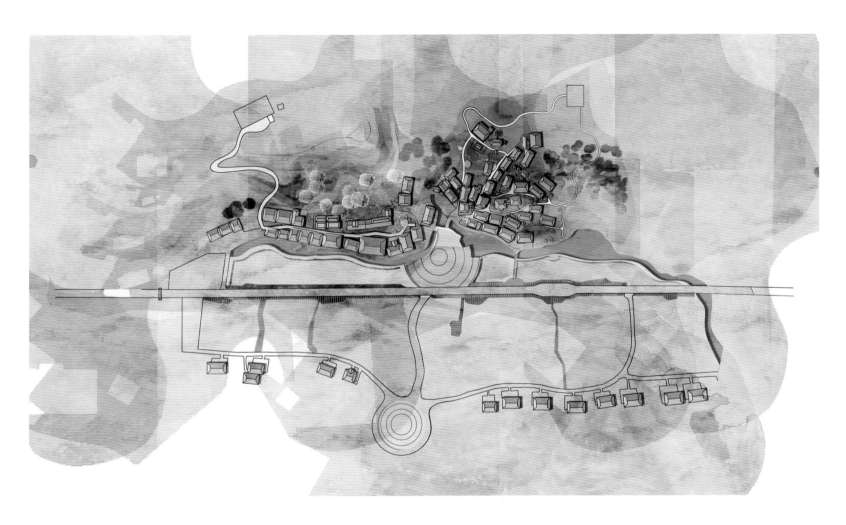

规划方案生成图

民俗文化风情街产业布局

街道整治

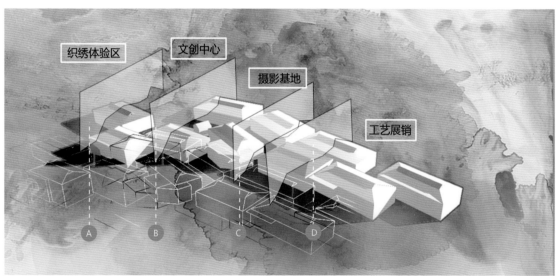

民俗文化街，与传统民俗商铺相面，与博物馆相背，紧邻织绣体验区，有银饰、皮鼓、酿酒、竹编等特色民俗体验区，让游客参与其中。靠近博物馆和织绣馆的空地，可安排民俗表演或铜鼓表演，丰富场所的有趣性。织绣体验基地和文创基地、博物馆形成集中文化聚落，加强了文化氛围。

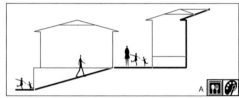

A 此处街道高宽比约为 3:4，较为开阔。街道南面为坡地景观向水面延伸，为民俗文化风情街末端的开放空间，空间序列尺度放大，具有良好的视野。

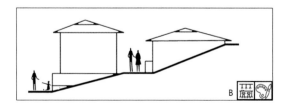

B 此处街道高宽比约为 4:3，空间序列紧凑。街道南北均为小尺度坡道向上下延伸。

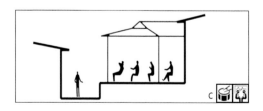

C 此处街道高宽比约为 1:2，空间开阔。街道北面为提供各种表演（如皮鼓、舞蹈）的开放广场，是活力激发点。

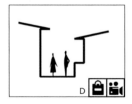

D 街道入口处高宽比约为2:1，紧凑的空间，营造出古村寨氛围。

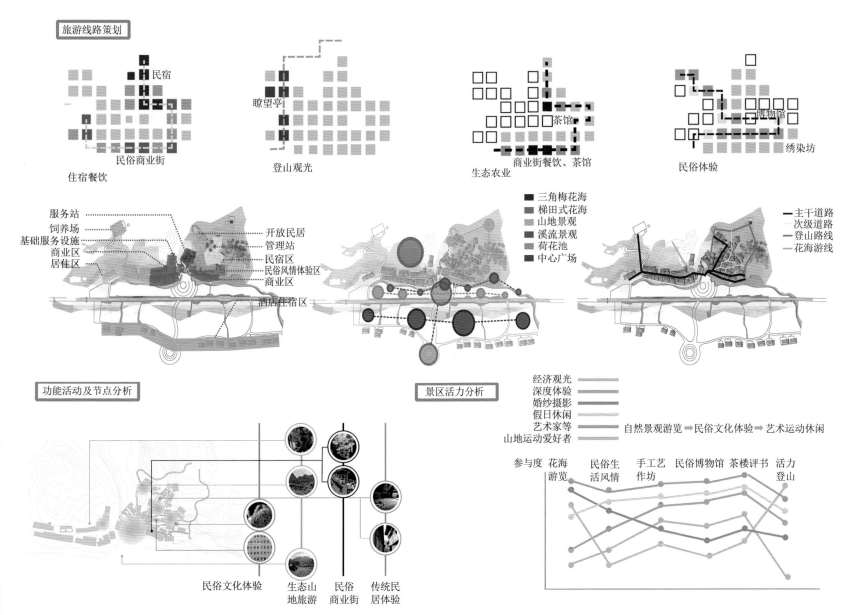

旅游线路策划

民宿
民俗商业街

住宿餐饮

瞭望亭

登山观光

茶馆

生态农业 商业街餐饮、茶馆

博物馆

绣染坊

民俗体验

服务站
饲养场
基础服务设施
商业区
居住区

开放民居
管理站
民宿区
民俗风情体验区
商业区

酒店住宿区

三角梅花海
梯田式花海
山地景观
溪流景观
荷花池
中心广场

主干道路
次级道路
登山路线
花海游线

功能活动及节点分析

景区活力分析

经济观光
深度体验
婚纱摄影
假日休闲
艺术家等
山地运动爱好者

自然景观游览 ➡ 民俗文化体验 ➡ 艺术运动休闲

民俗文化体验

生态山
地旅游

民俗
商业街

传统民
居体验

参与度 花海
游览

民俗生
活风情

手工艺
作坊

民俗博物馆

茶楼评书

活力
登山

2 水葩古寨 / 131

重点街道改造

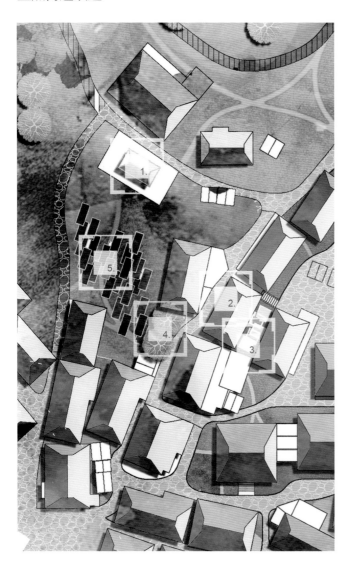

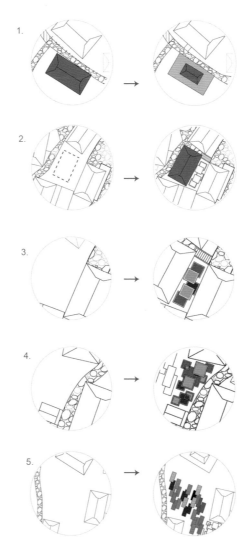

1. 处于开放建筑街道与登山步道的结点处，视线良好，可俯瞰村寨风貌。因原有建筑损毁严重，故保留原有建筑基底，在其上新建尺度稍小的凉亭，供人们休憩。

2. 该空地因原有建筑倒塌后荒废，杂草丛生。为保持街道肌理的完整性，在此新建一栋尺度适宜、形制相同、构架裸露的干栏式建筑。裸露的建筑能让游客更好地欣赏其结构。同时建筑内可进行一些娱乐性表演，供游客观赏。

3. 在新建建筑旁增设阶梯将上下两条街道联系起来。同时在两栋建筑中间设置水景，丰富空间层次，营造休闲舒适的氛围。

4. 将重点建筑前的空地作为人群集散点，利用经过的泉水打造水景，使空间富有活力。

5. 该区域原为布满杂草的坡地，其与上行街道高差大，通过设置跌落式绿化台阶，将其打造为可进入的竹林景观。

2.3.2 此心安处是吾乡
——基于慢生活理念下的体验式水族村落保护与更新计划

本组成员：叶 舜 郑寒梅 赵玉龙 黄晨旭 康梦琦
指导老师：孙 音 陈春华 吴 潇

慢生活设计理念

　　该设计融入"慢生活"元素和理念，以保护村落文化、激发产业活力、帮助青年返乡为目标，通过保护聚落生活、建筑改造升级、发展特色产业、村民自主管理等手段进行整体规划，形成一个"慢生活综合体"。

　　以"慢生活综合体"为契机，构建外人与本地居民的共生关系，吸引大量人流，赋予古村落活力，也为村民带来经济收入。在解决当地居民的现实生活需求的同时使传统空间焕发出原有的活力，在保持特性的同时促进可持续发展。

背景介绍

　　美丽乡村的建设正如火如荼地开展，但部分传统村落反而因过度的保护手段而使传统村落失去了活力，古村落更新保护中"历史文化遗产保护"与"居民生活现代化建设"的矛盾日益体现出来。传统村落古建筑难以满足现代生活质量的需求，年青劳动力外出、老年人迁出古寨现象增多，古村落逐渐"空心化"，亟需寻找解决矛盾的可行性措施。

　　探寻中发现，延续传统村落生活的理念及活化传统文化，可以从"慢生活"体系构建入手。当今"慢生活"相较于快节奏生活而言，提供了另一种生活方式，这一生活方式对古村落空间品质的需求，与古村落文化遗产的保护具有一致性，而传统村落的地理位置及环境正是孕育"慢生活"的沃土。

　　在保护原生文化的基础上，深度挖掘古寨现有资源，构建以乡村生活体验、生态农业深度体验、民俗风俗体验为主的综合服务型旅游古寨。使本地村民能够沿袭并保护本寨内的文化，为村民提供更多的就业机会；为城市人、旅游者、退休老人提供一个可供长期包租亦可短期居住的"慢生活综合体"。

慢 生 活 综 合 体
CONCEPT
保 护 村 落 文 化
激 发 产 业 活 力
帮 助 青 年 返 乡

17

15

14

15

13 11, 12

15 5 9 10

16 8

18 3 7

21 19 3 6

20 5

0 25m 50m 100m

1 别墅   12 家庭体验管理服务楼
2 别墅区集散广场   13 染坊
3 卫生间   14 小石潭
4 龙海观景区服务站   15 景观平台
5 荷花池   16 野餐平台
6 民俗广场   17 农场
7 民俗体验街   18 医务站
8 原住居民楼   19 农庄
9 农耕人家   20 入口广场 停车场
10 家庭体验住区   21 新居
11 水疗房

4

15

1

3

2

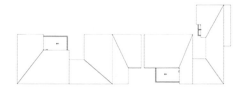

村落现存的一块农地，开发成游客可以参与农耕体验的基地。

目的：
1. 丰富旅游内容
2. 管理需求，劳动力需求
   1）休闲步道设计
   2）农舍改造

二层平面图

一层平面图

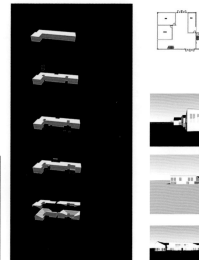

农田体验区改造

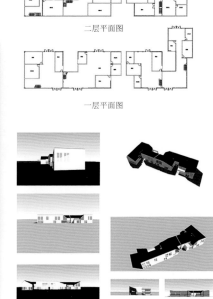

改造解读：
第一步：在长条的农庄形态上去掉三个空间，打造出三个庭院。
第二步：一层加入阳台，将底层使用空间更多与外界联系起来。
第三步：二层加入露台，让视线更为开阔。
第四步：加上坡屋顶，使农庄外形与水族传统民居保持相对一致性。

重点区域及节点改造设计

发展特色产业工坊与扎染集中区域，一方面可以作为生产手段，另一方面具有展示文化的作用。特色产业工坊与民俗体验区紧密相连，达到边生产边销售边展示的效果（前店后坊）。

目的：
1. 传统文化的保护
2. 增加旅游收入
3. 劳动力需求

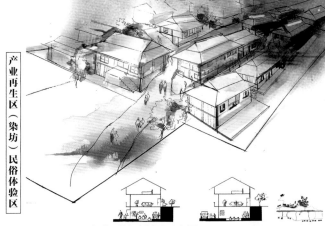

产业再生区（染坊）民俗体验区

产业区活动剖面示意图

古寨休养区改造

将占据较高地势、风景视野较好、靠近山林、安静幽僻的原村落建筑改造成家庭体验式住区，开辟院落，住户可以耕地种菜、体验生活。

目的：
1. 放缓旅客脚步，增加旅游价值
2. 管理需求，形成一定的劳动机能
3. 老建筑的保护与改造，焕发新生

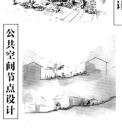

公共空间节点设计

林间栈道设计

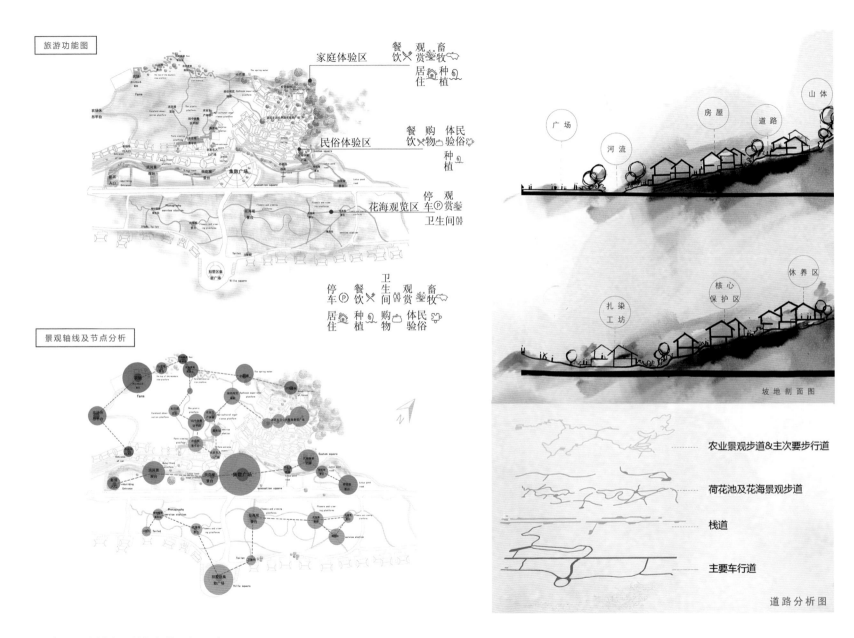

旅游功能图

家庭体验区　　餐　观　畜
　　　　　　　饮　赏　牧
　　　　　　　居　种
　　　　　　　住　植

民俗体验区　　餐　购　体民
　　　　　　　饮　物　验俗
　　　　　　　　　种
　　　　　　　　　植

花海观览区　　停　观
　　　　　　　车　赏
　　　　　　　卫生间

停　餐　卫　观　畜
车　饮　生　赏　牧
　　　间
居　种　　购　体民
住　植　　物　验俗

景观轴线及节点分析

广场　　河流　　房屋　道路　　山体

扎染　　核心　　休养区
工坊　　保护区

坡地剖面图

农业景观步道&主次要步行道

荷花池及花海景观步道

栈道

主要车行道

道路分析图

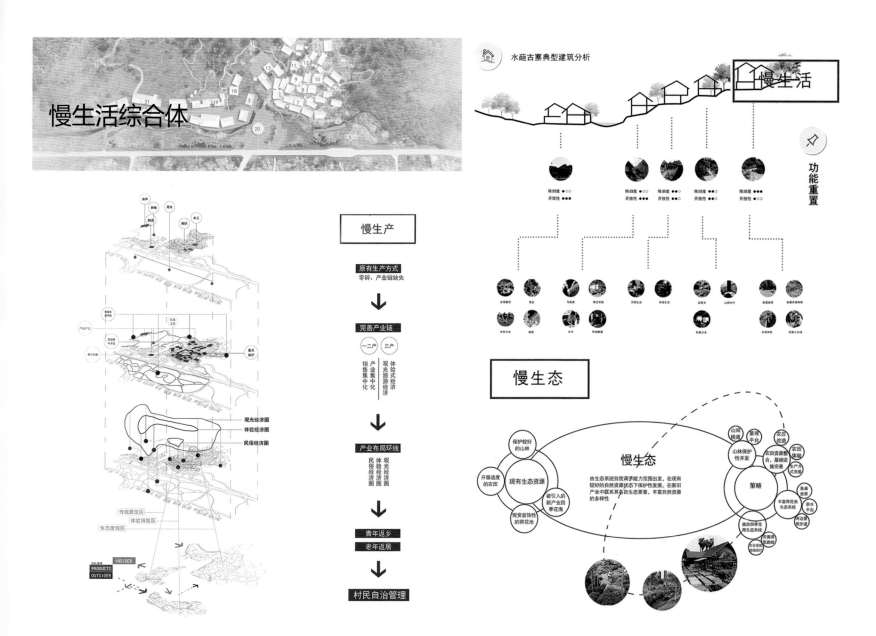

慢生活综合体

水葩古寨典型建筑分析

慢生活

功能重置

陈旧度 ○○○　陈旧度 ●○○　陈旧度 ●●○　陈旧度 ●●○　陈旧度 ●●●
开放性 ●●●　开放性 ●●○　开放性 ●○○　开放性 ●●○　开放性 ●○○

慢生产

观光经济圈
体验经济圈
民俗经济圈

原有生产方式
零碎、产业链缺失

↓

完善产业链

一二产　三产

销售集中化　产业集中化　观光旅游经济　体验式经济

↓

产业布局环线

民俗经济圈　观光经济圈　体验经济圈

↓

青年返乡
老年返居

↓

村民自治管理

慢生态

保护较好的山林

现有生态资源

开垦适度的农田

被引入的新产业四季花海

观赏装饰性的荷花池

慢生态

由生态系统自我调节能力范围出发，在现有较好的自然资源状态下保护性发展。在新旧产业中联系其各自生态要素，丰富自然资源的多样性。

山间栈道　景观平台
山林保护性开发
农庄改造
农田资源整合，基础设施完善　农田体验
生产方式完善
策略
鱼塘捕鱼
丰富荷花池生态系统
亲水平台
激活四季花海生态系统
周边景观慢步道
完善荷花池生态环境
农业观光慢跑道

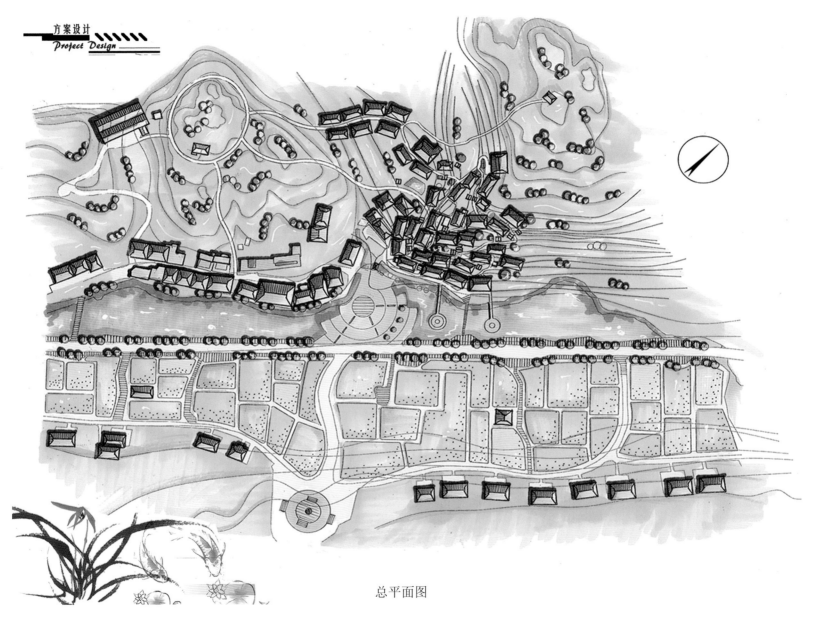

总平面图

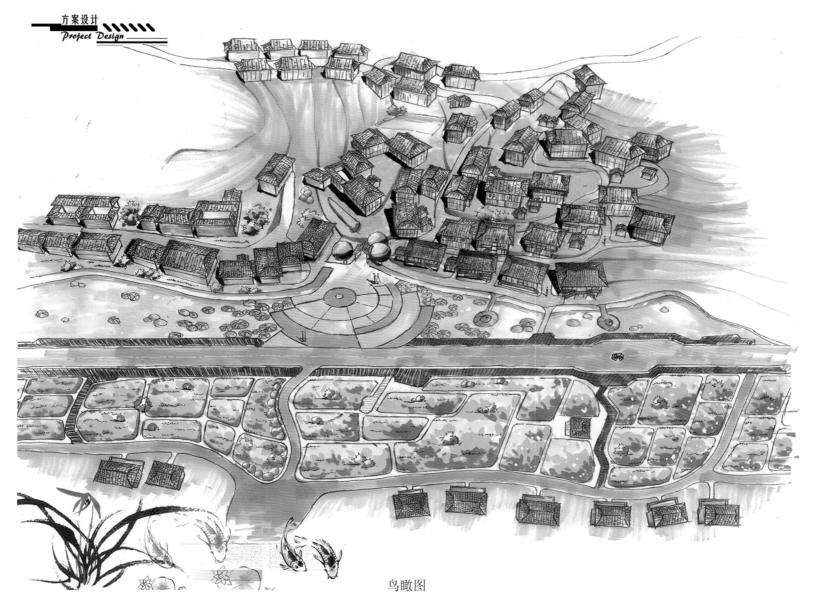

鸟瞰图

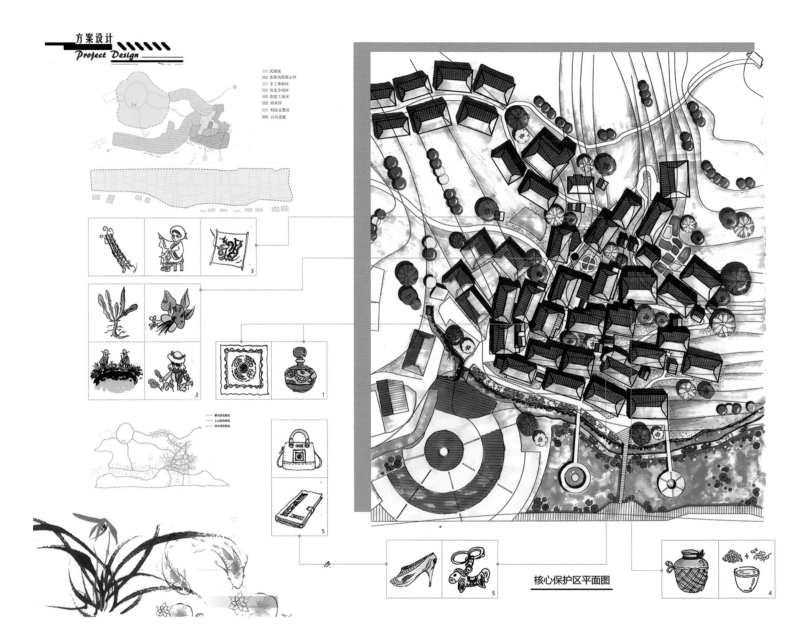

核心保护区平面图

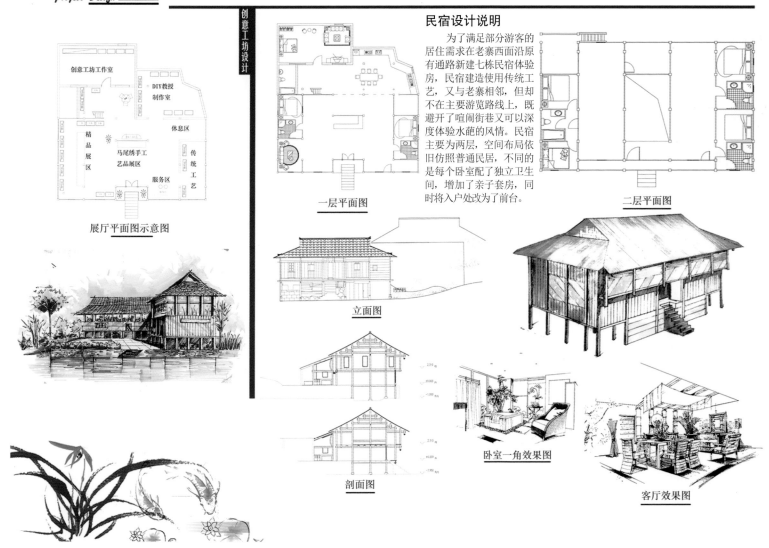

创意工坊设计

创意工坊工作室

DIY教授
制作室

精
品
展
区

马尾绣手工
艺品展区

体息区

传
统
工
艺

服务区

展厅平面图示意图

一层平面图

二层平面图

立面图

剖面图

民宿设计说明

　　为了满足部分游客的居住需求在老寨西面沿原有通路新建七栋民宿体验房，民宿建造使用传统工艺，又与老寨相邻，但却不在主要游览路线上，既避开了喧闹街巷又可以深度体验水菋的风情。民宿主要为两层，空间布局依旧仿照普通民居，不同的是每个卧室配了独立卫生间，增加了亲子套房，同时将入户处改为了前台。

卧室一角效果图

客厅效果图

2.3.3 传承·重构·发展——以产业更新为主导的水葩古寨保护与营造

本组成员：程　晴　陈　媛　朱　妙　黄航宁　唐路嘉　王哲玥　　专业：2014级城乡规划　　指导老师：孙　音　陈春华　吴　潇

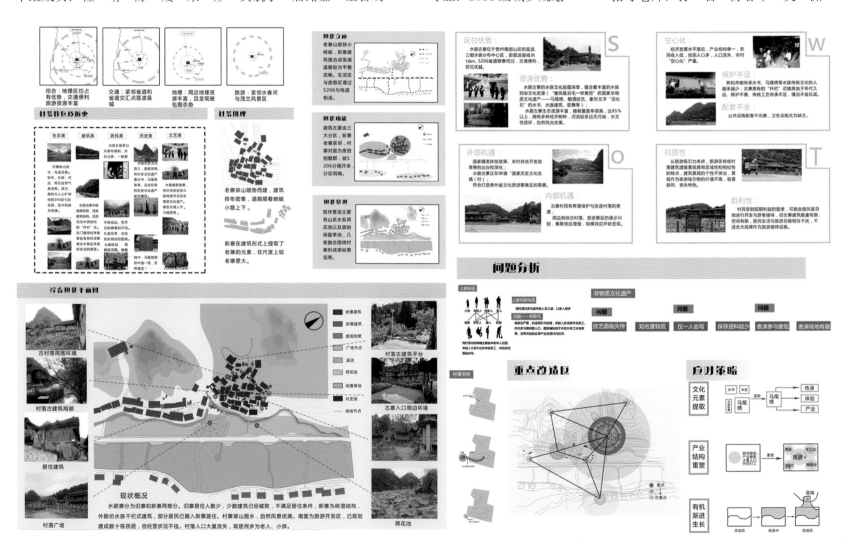

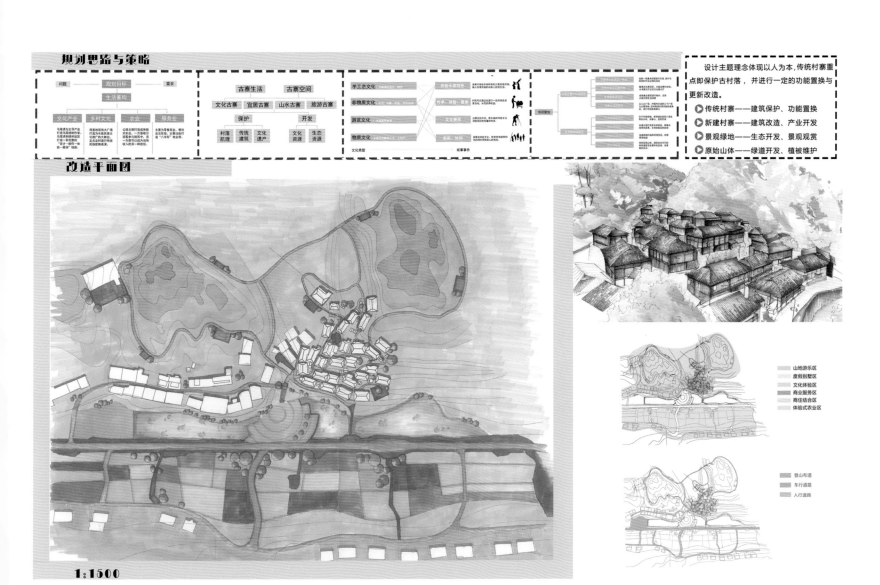

规划思路与策略

设计主题理念体现以人为本，传统村寨重点即保护古村落，并进行一定的功能置换与更新改造。

▶ 传统村寨——建筑保护、功能置换
▶ 新建村寨——建筑改造、产业开发
▶ 景观绿地——生态开发、景观观赏
▶ 原始山体——绿道开发、植被维护

改造平面图

1:1500

山地游乐区
度假别墅区
文化体验区
商业服务区
商住结合区
体验式农业区

登山布道
车行道路
人行道路

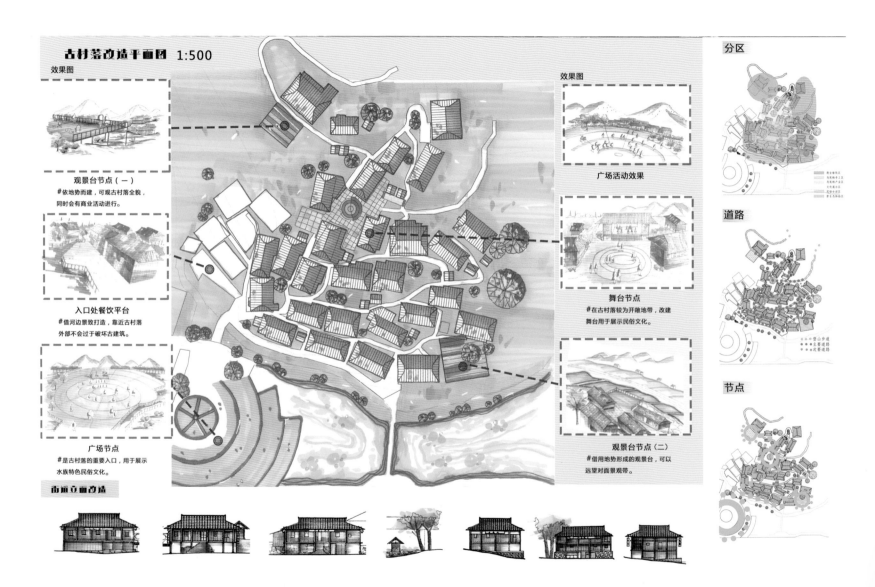

古村落改造平面图 1:500

效果图

观景台节点（一）
#依地势而建，可观古村落全貌，同时会有商业活动进行。

入口处餐饮平台
#借河边景致打造，靠近古村落外部不会过于破坏古建筑。

广场节点
#是古村落的重要入口，用于展示水族特色民俗文化。

街道立面改造

效果图

广场活动效果

舞台节点
#在古村落较为开敞地带，改建舞台用于展示民俗文化。

观景台节点（二）
#借用地势形成的观景台，可以远望对面景观带。

分区

道路

节点

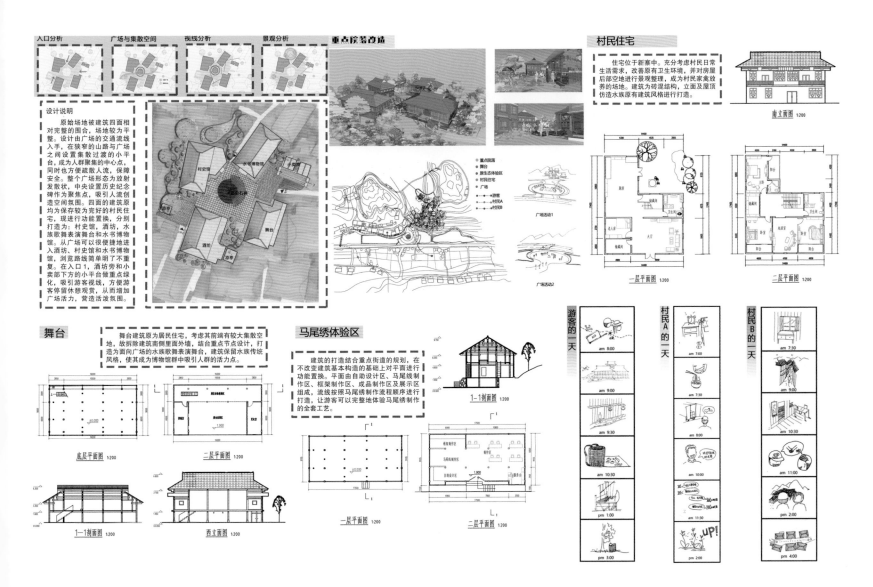

水葩古寨测绘人员合影

3 镇山村

测绘指导老师：

孙　音　陈春华　毛　颖　傅　红　曾艺君

测绘学生：

总 平 面 组：李泽圣　王榛榛　张紫葳　卢鋆镆　胡航军　郑晟阳

武庙建筑组：杨馥黛　李汶涵　刘金明　马乔明　高德宇　聂梦雪　傅　升

重点建筑组：黄钰霁　王耀彬　张超娅　米柯洁　李玥莹　余嘉乐　徐　铭

　　　　　　唐艺源　雷思香　吴海韵　江舒媛　徐翔鹏　郭伟凡　魏新娜

　　　　　　马家清　杨静宜　王　珺

3.1 关于镇山村

3.1.1 镇山村概况

镇山村位于贵州省贵阳市花溪区石板镇，是以布依族为主的民族杂居的自然村寨。距贵阳市中心西南 21 km，花溪区中心西北 11 km。镇山村全村总面积 3.8 km²，地处花溪水库中段，三面环水，一面临山，与半边山隔水相望，西侧有林场，村落周边生态本底优良。

村寨属典型的民族村寨。全村共 5 个村民小组，聚居着 140 多户村民，主要以布依族为主。村落总体土壤条件较好，建在平坝河谷地带，地势相对平缓，便于组织用水体系，适宜进行稻谷、玉米、马铃薯等农作物耕种。镇山村耕地面积 927 亩，村寨经济主要以种植粮食作物收入为主，蔬菜、林果及药材种植、养殖、农家乐旅游业占一定比重。

镇山村 1993 年被批准为"贵州镇山民族文化保护村"，1995 年定为"贵州省级文物保护单位"。

3.1.2 历史沿革

明朝洪武年间，为了统一中国，巩固边防，开发西南边疆，在"移民实边"的政策下，掀起了一次规模宏大的移民潮，由此也带来了卫所与屯堡建设的兴旺。关于贵州的屯堡文化在前面章节已做了简要介绍，在此不赘述。

在这次移民潮中，贵阳是移民的重点区域，城中设有贵州卫和贵州前卫，各有五个千户所，每个千户所辖十个百户所，以百户所为单位进行屯田。两卫的百余个屯堡散布在贵阳四郊，分布在今花溪区、乌当区、白云区、南明区、云岩区及修文县境。

镇山村所在石板镇（明代是军事哨口，称石板哨）附近就建有多个屯堡，如大黄泥堡、汪官堡、袁方堡、胡朝堡、刘仕连堡、花仡佬堡、落平堡、喜鹊堡等，其中花仡佬堡奠定了其后的花溪镇即今天的花溪区的原始格局。镇山村村寨始建于明万历年间（1573—1620 年），据《李仁宇将军墓志》载：明万历二十八年（1600 年）明廷"平播"，时江西吉安府卢陵县协镇李仁宇奉命以军务入黔，屯兵安顺，及黔中平服、广顺，州粮道开通，遂携家眷移至石板哨镇山建堡屯兵，其妻因水土不服病逝，李仁宇入赘镇山村，与班氏结缘，生二子，长子姓李，次子姓班。现村民以李、班两姓为主。

3.1.3 村寨选址、总体格局及道路体系

镇山村所在区域为典型的喀斯特低山丘陵地貌，地势西北高东南低，海拔 1128 ~ 1209 m，村寨正中海拔为 1163 m。属亚热带季风性湿润气候区，雨水适中，日照充足，冬无严寒，夏无酷暑。村寨依山就势布置在三面环水的山坡上，面朝开阔的花溪水库。整个村寨分为了上寨和下寨两部分。上寨由屯墙围合而成，格局自明代营建后一直延续至今，具有较强的军事防御性。上寨内街巷树状网络布局，主次道路较为分明。主干道路是从进寨的古马道（现为文化道）一直延续到古寨墙西北门，穿寨而过，由东南门出上寨。上寨中主道犹如树干，串起了两个寨门、村寨中心广场、武庙。次要道路犹如树枝，呈放散状通向各家所住院落。

上寨营建之初，军事目的明显，因此为了屯兵时列队，主要街巷较宽，可达 4.6 m。中心广场可供村民打谷、晒粮食，也是村民们交流聚会、节庆活动的重要场所；武庙建筑则具有祭祀祖先和牺牲的士兵、举办庆典活动等多种功能。

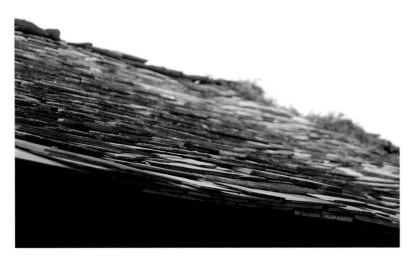

从上寨的东南门出去之后，下寨位于面向花溪水库的南面山坡上。下寨的建立，是由于 1958 年花溪水库的修建，花溪公社将位于水库淹没区的农民迁了一部分到镇山村，修建了下寨安置居住，因此以较为密集的居住空间为主。下寨主要道路分为东、西两条，串起各居住空间。下寨依山傍水，建筑顺山势起伏跌落，在周边丰富的树林、梯田映衬下，呈现出秀美灵动的和谐景致。下寨还存留有树龄过百年的"村口树"即"风水树"。花溪水库未修筑之时，古树位于当时的花溪河小码头通向上寨的主要路径上，是村寨营建之初，规划过并有意选留或栽培的。村口树在村寨风水格局中具有重要作用，甚至举办过祭祀活动，为了祈求古树保佑村落平安。

3.1.4 村寨建筑及建筑装饰

镇山村是典型的布依族为主的村落，但又部分糅合了汉族文化的风格。由于地处山地，村落建筑布局因地制宜，常采用台地式院落布局呼应地形变化。由于当地气候潮湿多雨，蚊虫较多，且起伏不平，为了适应当地气候和地形，布依族人的房舍大部分选择干栏式建筑形式，也有部分较类似于吊脚楼。

村落内的居住建筑多采用三合院形式，多设置朝门（建于建筑物前或围墙前的门厅或入口）。由于地处山地，布局十分灵活，多数院落的朝门与主体建筑的房门不在同一条轴线上。且每一户的大朝门都有独特的腰门。

居住的主体建筑基本布局上都保持以堂屋为中心，正房为面阔三间或五间，明间都设有吞口（堂屋主入口处一般会稍做强调，凹进形成一定的"灰空间"，这一空间普遍以"吞口"的形式出现）。出于实际生活的需求，在正房旁搭建出若干的附属房屋，即耳房和厢房，一般用作厨房、储藏室、加工室等，也有部分作为卧室等用，

以弥补正房"一正两侧"房屋的房间不足。由于地形起伏，在建筑的层数安排上也十分灵活，不拘一格，如有的建筑分为三层，最上部那层为储存空间（部分可住人），中间一层为与入口院落相连的主要人居生活空间，而顺应地势跌落下去的那层则为牲畜养殖空间。

在房屋的结构上多采用穿斗式，利用当地丰富的木材资源，用较大的木材作中心的立柱，以穿枋和斗枋连接各柱，采用的是传统的榫卯（凸出部分叫榫或榫头，凹进部分叫卯或榫眼、榫槽）穿合，形成屋架。据我们采访的当地民众反映，布依族人十分重视自家房屋的施工建设，开工前先要经过郑重地祭祀，然后才开始做"排扇"。"排扇"是立柱前的准备工作，打好眼割好榫之后，用穿枋把树头穿成排列；再把排列竖起来，先立中堂两排，把楼榫打拢后，紧接着立两山的排列，把楼榫扣拢，然后再上梁和檩。

当地除了有丰富的木材资源之外，还盛产一种独特的石材——页岩。页岩石材层理分明、易剥离成片状，其厚薄天然生成，一般约为 2 cm，厚度相当均匀。布依族工匠用工具撬开一层层的片石后用作屋顶材料，取代瓦片，形成独特的石片屋顶。还有很多院落的院墙也采用页岩垒砌而成，形成独特的肌理效果。

在我们测绘的不少传统院落中，建筑装饰十分丰富，窗扇和门扇的木雕图案精美，多为传统的三吊格和万字格，垂花柱和花牙子也出现了不少（见测绘大样图），足见布依族村寨对于房屋装饰与审美的重视。

传统村寨中出现武庙并不常见，在此需专门介绍一下。武庙位于镇山村重要的道路的交叉口，作为村寨人尚武的见证，是祭祀祖先的重要场所，也是祭祀战时牺牲的士兵的场所。建立之初为纪念李仁宇的战功，庙里供奉的是关羽像。咸丰、同治年间武庙毁于火灾。清光绪三十四年（1908）年重建。20 世纪 70 年代，两厢过厅被拆除，现仅存正殿，1995 年文物部门曾修葺过。

武庙占地约 500 m²，原本是四合大院，坐北朝南，穿斗抬梁混合式歇山顶木结构建筑，后墙为石墙。目前为镇山村上年限最久的保存最完整的公共古建筑。

从外观看，武庙为五开间建筑，通高约 15 m，占地 250 m²。近年来，为了保护武庙，在原有两厢的位置增加了围墙，使整个空间围合起来。对称中轴线上设朝门一座，采用简单的布局形式。这种仿四合院的形式，较好地符合原有"一正两厢"的四合院形态，也可加强人们对于武庙的视觉印象。正房面阔五间，中间三间供奉关羽像，且中间三间形成一个"缺口"，即是仿布依族民居的"吞口"。建筑的屋顶下做有雕花的穿枋，装饰精美，屋脊涂为白色，正中间有一宝瓶，两侧为龙形纹饰，建筑四角起翘较大。整体风格上看，武庙结合了汉族与布依族的建筑特点。

3.2 镇山村测绘成果

3.2.1 镇山村总体现状

　　镇山村位于贵州省贵阳市花溪区石板镇，地处花溪水库中段，三面环水，一面临山，与半边山隔水相望。属于典型的民族村寨，以布依族为主。地势西北高，东南低，村寨依山就势而建，分为上寨和下寨两部分。道路布局呈街巷树状网络，小巷直接通往院落空间。

指导老师：孙　音　　陈春华　　毛　颖

本组成员：李泽圣　　王榛榛　　张紫葳　　卢銎镇　　胡航军　　郑晟阳

镇山村现状鸟瞰图

总平面图

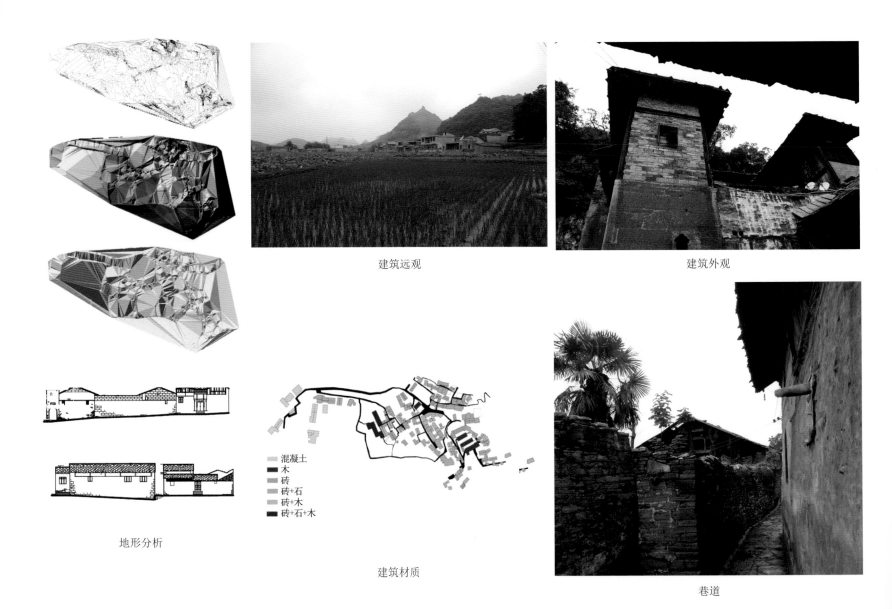

建筑远观

建筑外观

地形分析

混凝土
木
砖
砖+石
砖+木
砖+石+木

建筑材质

巷道

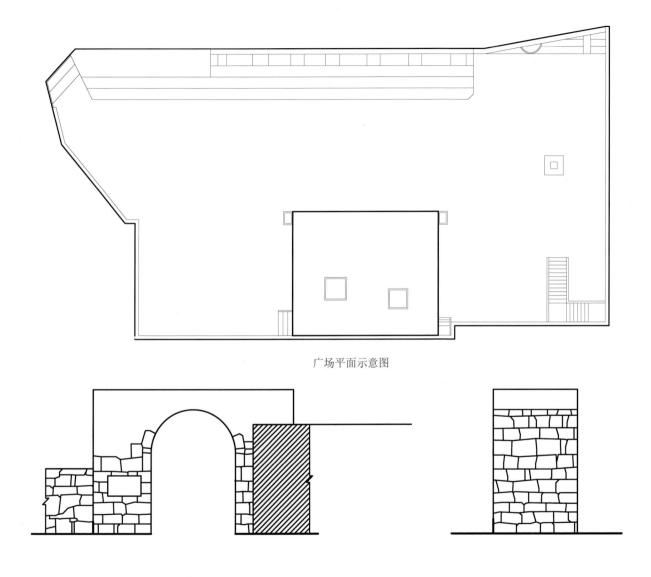

广场平面示意图

上寨门立面示意图

上寨门剖面示意图

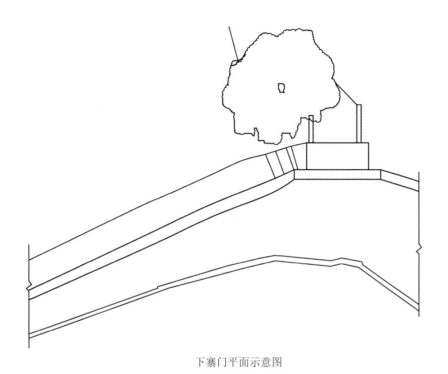

下寨门平面示意图

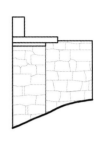

下寨门剖面示意图 1

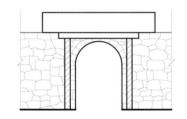

下寨门剖面示意图 2

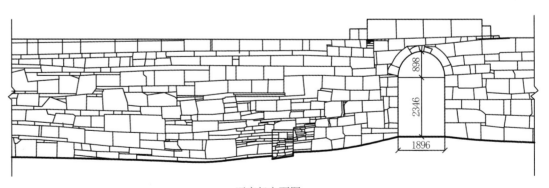

下寨门立面图

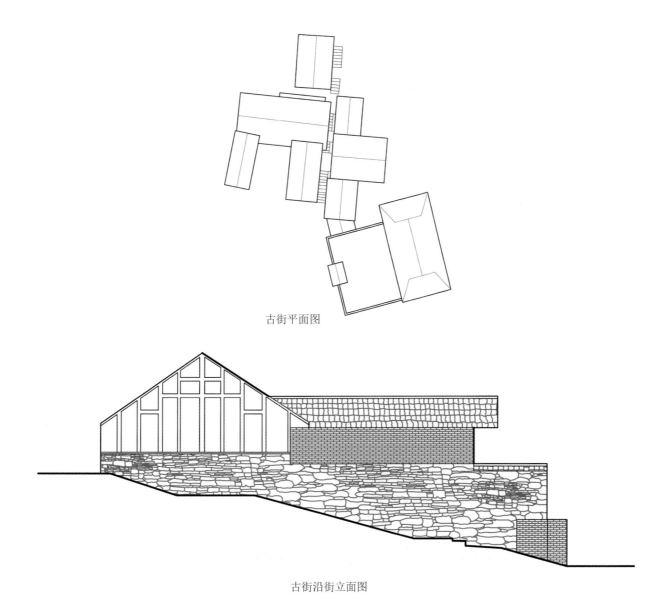

古街平面图

古街沿街立面图

街巷写生——郑晟阳作品

街巷写生——郑晟阳作品

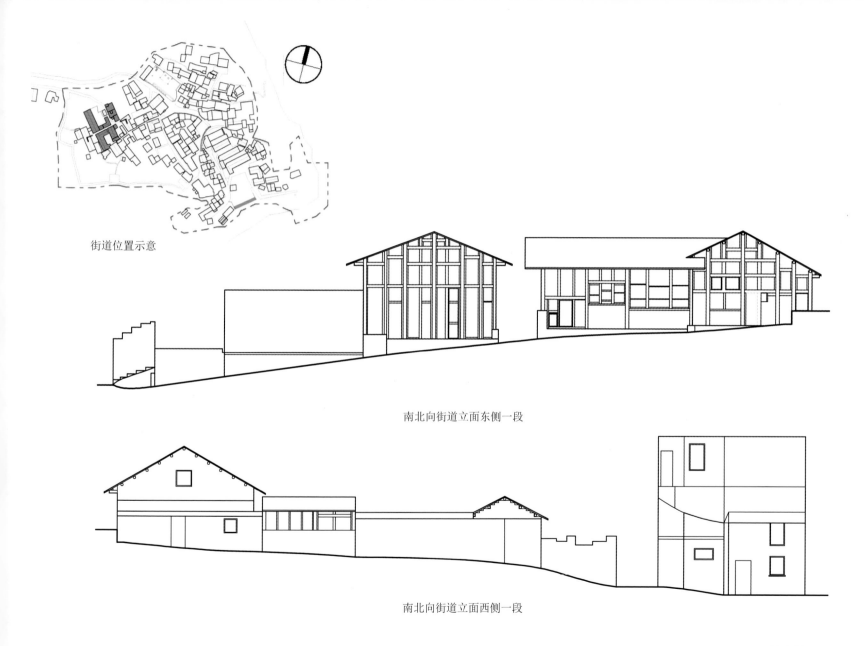

街道位置示意

南北向街道立面东侧一段

南北向街道立面西侧一段

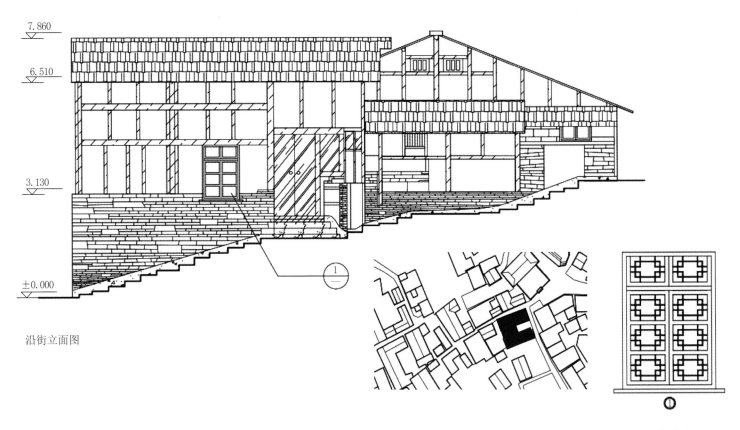

7.860

6.510

3.130

±0.000

沿街立面图

建筑位置示意图

沿街入口窗详图 1:150

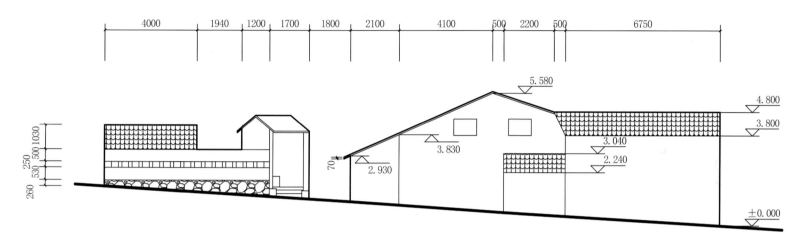

| 4000 | 1940 | 1200 | 1700 | 1800 | 2100 | 4100 | 500 | 2200 | 500 | 6750 |

5.580

4.800

3.800

3.040

2.240

3.830

2.930

±0.000

1030
500
250
250
530
260

70

沿街立面图

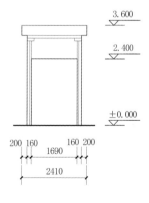

3.600

2.400

±0.000

200 160   160 200
1690
2410

沿街入口门详图

3.2.2　重点建筑一

　　该建筑为传统三合院形式，房屋主体与前排建筑围合形成较为完整的院落空间。主要为穿斗式悬山顶木结构，墙面材质以木板墙和竹编夹泥墙为主。建筑年代较老，木结构保存完整，部分楼板、墙面、楼梯损坏。

本组成员：邱　元　魏新娜　杨静宜　魏　雪　张　霞
　　　　　马家清　王　珺
指导老师：孙　音　陈春华　毛　颖

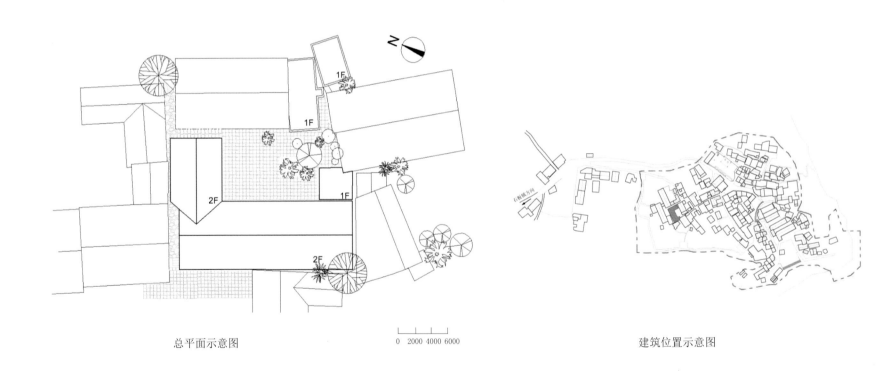

总平面示意图

0　2000 4000 6000

建筑位置示意图

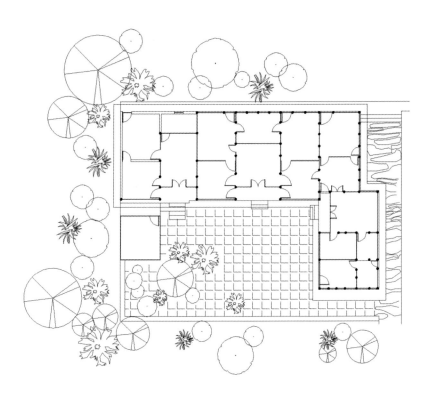

一层平面图

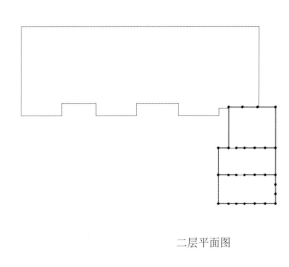

二层平面图

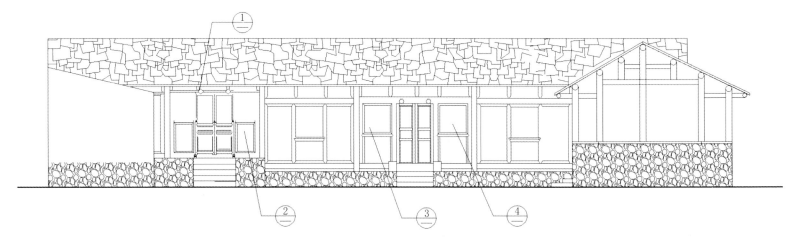

北立面图

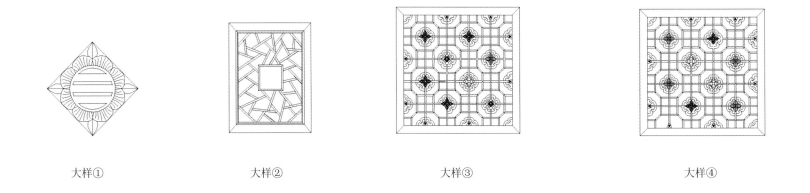

大样①   大样②   大样③   大样④

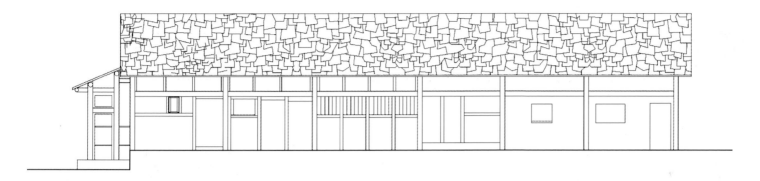

南立面图

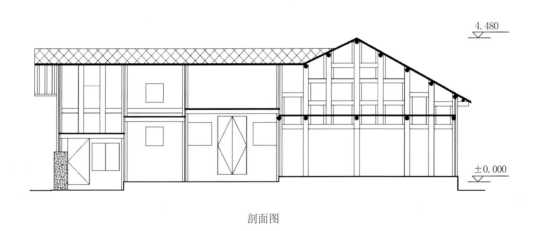

剖面图

建筑模型效果图

3.2.3 重点建筑二

该建筑原为三合院，建于清道光年间，穿斗式悬山顶古结构，1959 年因修水库，整体搬迁至此，现为四榀三间，穿斗式悬山顶木结构，带吞口，石板天井，石板装墙，坐西北向东南，房主为班、李第 15 代孙，以农耕为业，第三产业为辅。

本组人员：唐艺源　雷思香　吴海韵　江舒媛　徐翔鹏　郭伟凡
指导老师：孙　音　陈春华　毛　颖

总平面图

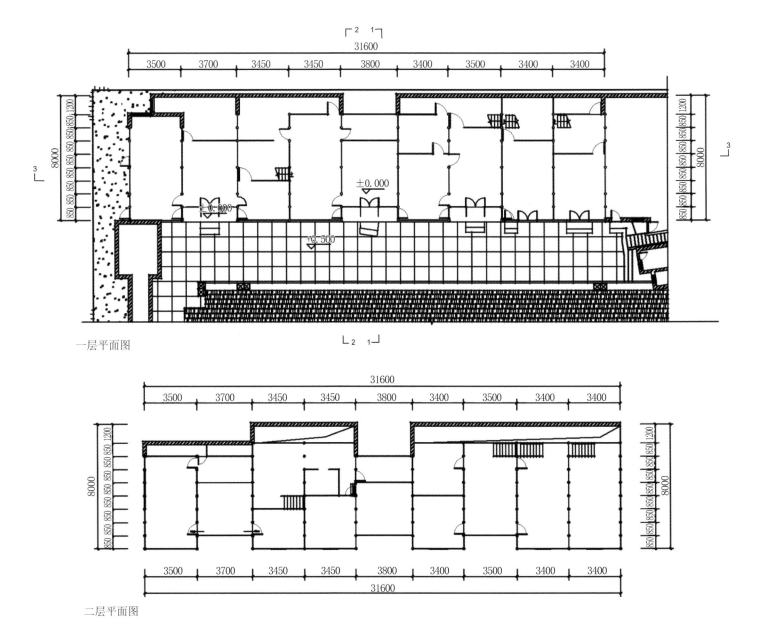

一层平面图

二层平面图

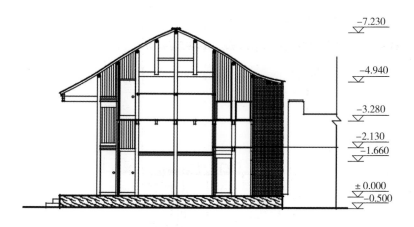

-7.230

-4.940

-3.280

-2.130
-1.660

± 0.000
-0.500

1-1 剖面图

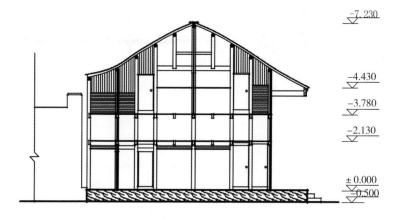

-7.230

-4.430

-3.780

-2.130

± 0.000
-0.500

2-2 剖面图

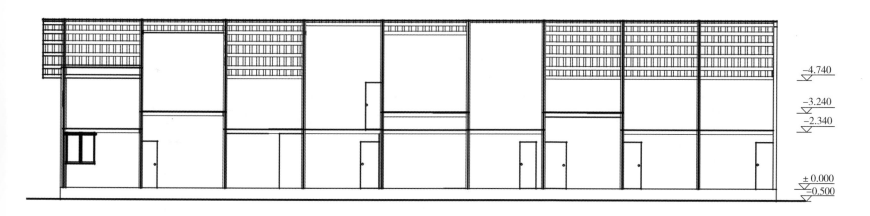

-4.740

-3.240

-2.340

± 0.000
-0.500

3-3 剖面图

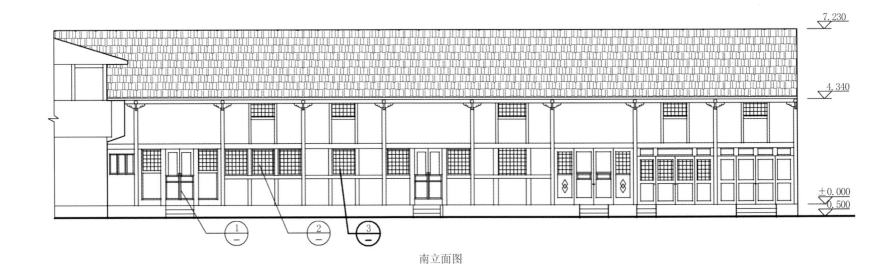

南立面图

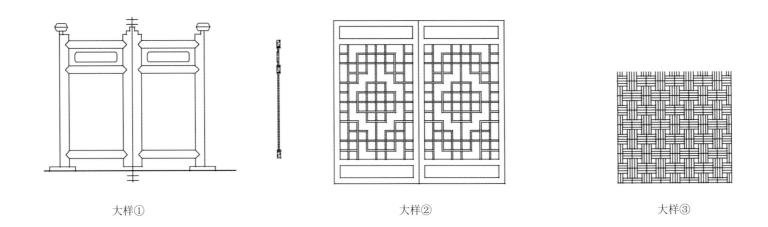

大样①   大样②   大样③

3.2.4　重点建筑三

该房屋建筑类型是干栏式建筑，正屋五开间，正中间为卧室，卧室两侧为堂屋，堂屋两侧为厨房。建筑有六个出入口。另外，建筑共两层，为分层筑台式 最左侧和最右侧为架空的厢房，底层空间养殖牲畜。

该房屋是三合院形式，由一对兄弟合伙修建，每个家庭一个堂屋，同时在"L"形平面的基础上，在另一侧加上厢房，形成真正意义的"一正两厢"。厢房下镂空，形成"过街楼"。中间围合成场坝空间，可以作为劳作后小憩、宴请宾客、晾晒粮食等场地使用。

本组成员：黄钰霁　徐　铭　米柯洁　张超娅　王耀彬
　　　　　李玥莹　余嘉乐
指导老师：孙　音　陈春华　毛　颖

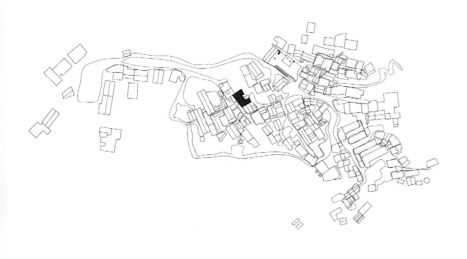

建筑位置示意图

建筑总平面示意图

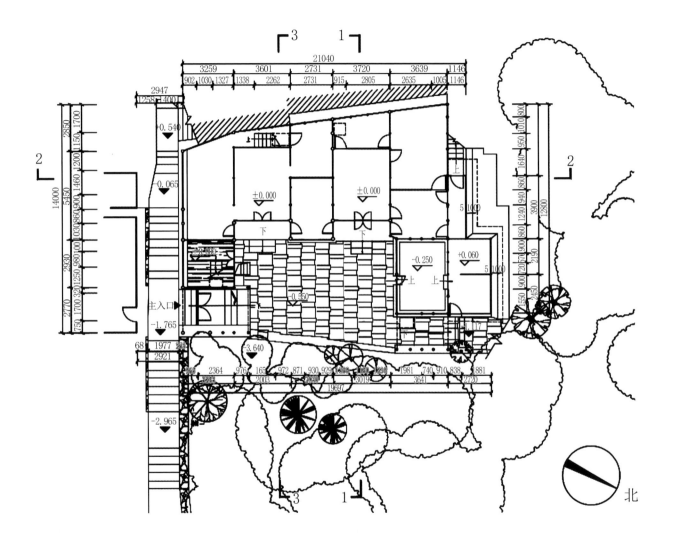

建筑一层平面图

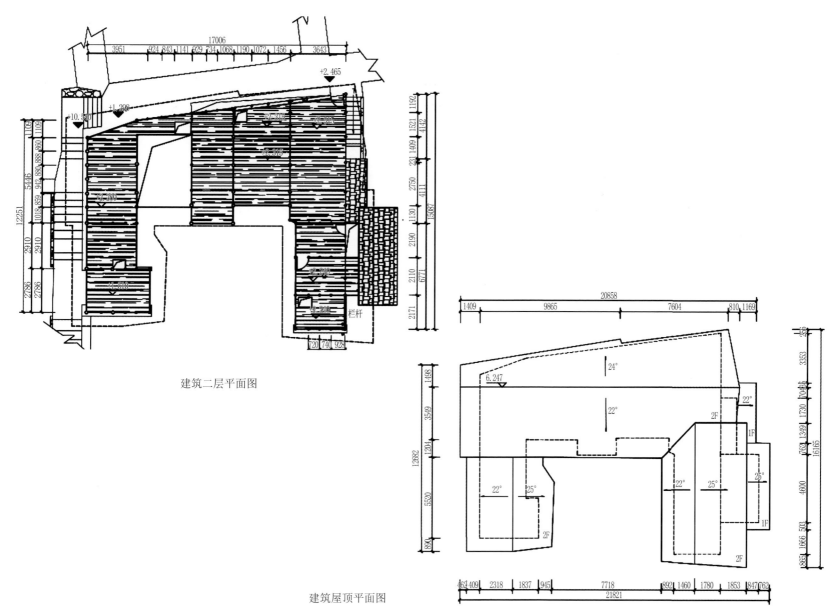

建筑二层平面图

建筑屋顶平面图

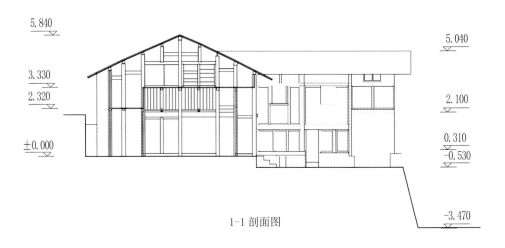

5.840

5.040

3.330

2.320

2.100

±0.000

0.310

−0.530

−3.470

1-1 剖面图

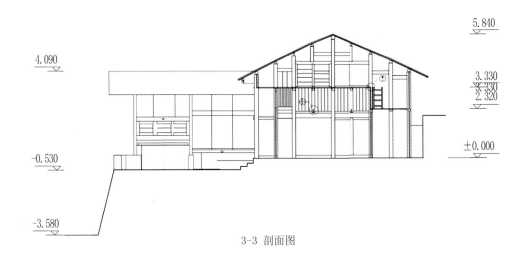

4.090

5.840

3.330
3.330
2.320

−0.530

±0.000

−3.580

3-3 剖面图

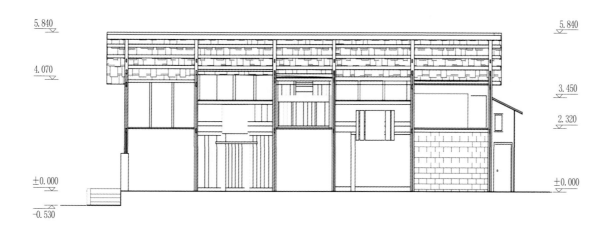

5.840

4.070

±0.000

−0.530

5.840

3.450

2.320

±0.000

2-2 剖面图

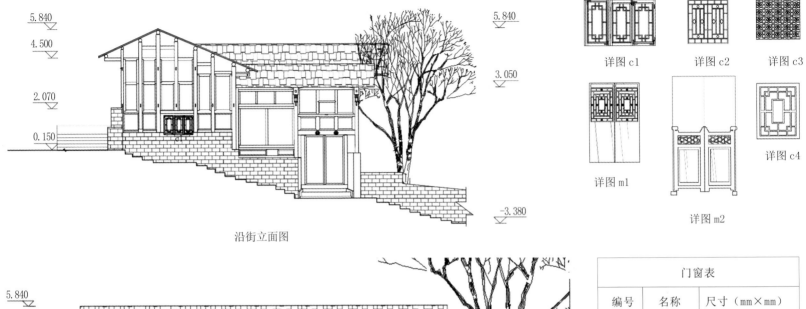

5.840

4.500

2.070

0.150

沿街立面图

详图 c1　　　详图 c2　　　详图 c3

详图 m1　　　详图 m2

详图 c4

5.840

3.050

−3.380

5.840

3.810
3.050

0.150

−2.180

c2　c2　　c4　　c3　　c3

c2

c3

m2

m1

正立面图

门窗表		
编号	名称	尺寸（mm×mm）
c1	井口穿枨格	1422×897
c2	菱形步步锦	907×979
c3	套方锦	1454×1274
c4	菱形步步锦	1000×1264
m1	海棠步步锦	500×1550
m2	冰裂纹	1319×1344

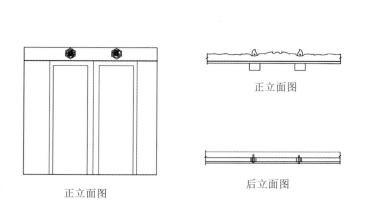

正立面图

正立面图

后立面图

门簪–详图示意

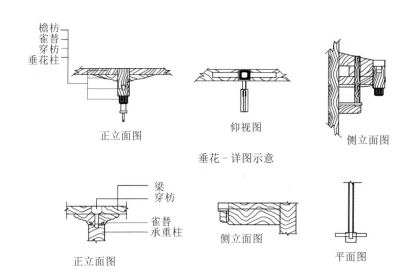

檐枋
雀替
穿枋
垂花柱

正立面图

仰视图

侧立面图

垂花–详图示意

梁
穿枋

雀替
承重柱

正立面图

侧立面图

平面图

门枋–详图示意

5.770

4.480

2.050

5.840

4.480

0.150

背立面图

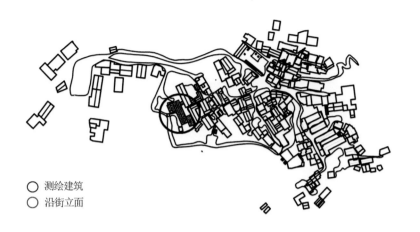

○ 测绘建筑
○ 沿街立面

建筑位置示意图

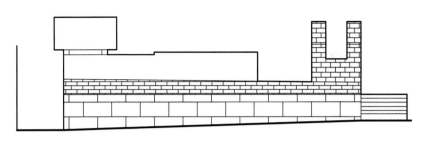

沿街立面示意图

3.2.5 重点建筑四

这栋典型的布依族木石结构民居位于整个镇山村最高点。站在屋后的观景平台上，整个镇山村尽收眼底，占尽地理优势。背靠青山，以青山为庭院，自得一方天然情趣。

沿着上山的石板路进入民居的范围，首先见到的就是一个石板铺就的、两边围合的三合院。三合院长 16 m，宽 6.5 m，正面是堂屋，向左进入灶房，向右进入储藏用房。整栋建筑以西南片区常见的穿斗式木结构为主，用当地特产的页岩搭成悬山屋顶，出檐比较远，可以防止西南的雨水腐蚀屋身。

总平面示意图

指导老师：孙　音　陈　鸿　陈春华
本组成员：徐伦会　杨斯佳　成　蕤　龙兴华　张恩华
　　　　　杨兴源　吴有鹏

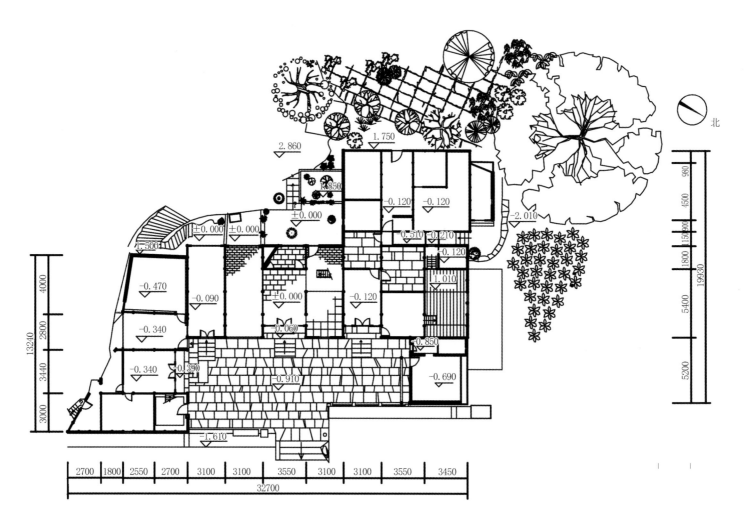

一层平面图

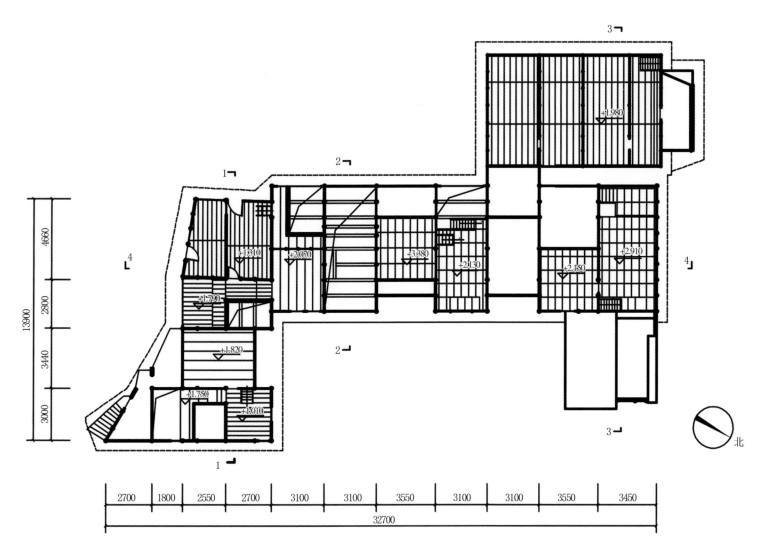

+1.980

+1.310
+2.070
+3.380
+2.130
+2.150
+2.910

+1.790

+1.820

+1.750
+1.010

13900
4660
2800
3440
3000

1
2
3
4

2700 | 1800 | 2550 | 2700 | 3100 | 3100 | 3550 | 3100 | 3100 | 3550 | 3450

32700

北

二层平面图

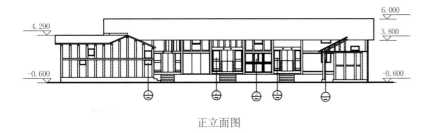

正立面图

背立面图

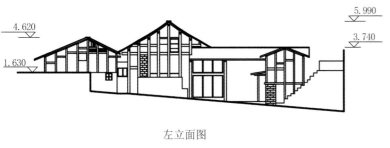

左立面图

右立面图

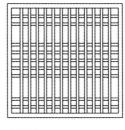

大样① 1:20

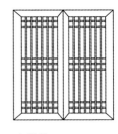

大样② 1:20

大样③ 1:20

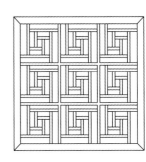

大样④ 1:20

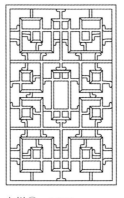

大样⑤ 1:20

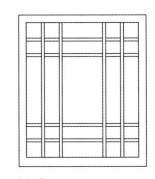

大样⑥ 1:20

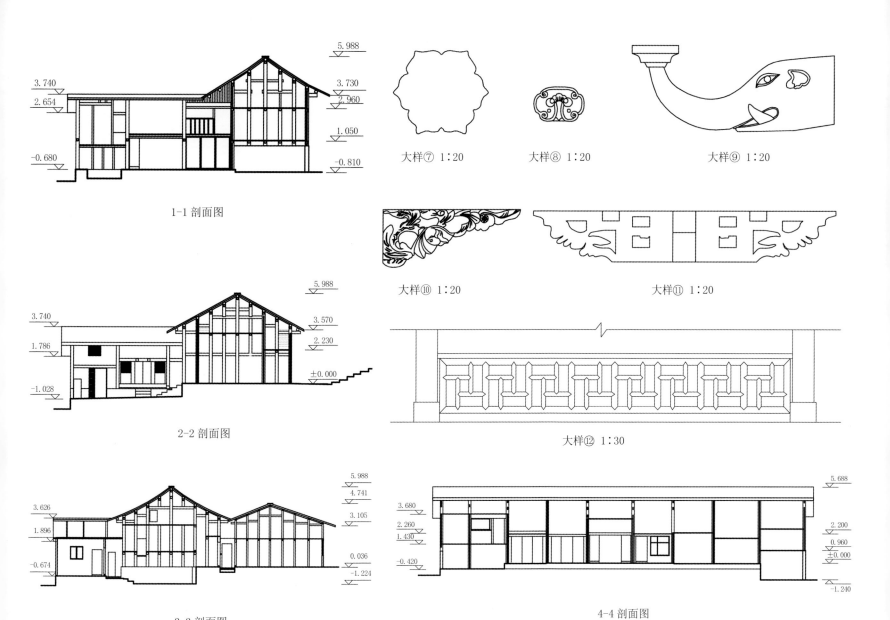

1-1 剖面图

大样⑦ 1∶20

大样⑧ 1∶20

大样⑨ 1∶20

大样⑩ 1∶20

大样⑪ 1∶20

2-2 剖面图

大样⑫ 1∶30

3-3 剖面图

4-4 剖面图

建筑效果图

3.2.6 重点建筑五——武庙

本组成员：傅　升　刘金明　高德宇　李汶涵
　　　　　马乔明　聂梦雪　杨馥黛
指导老师：孙　音　陈　鸿　陈春华

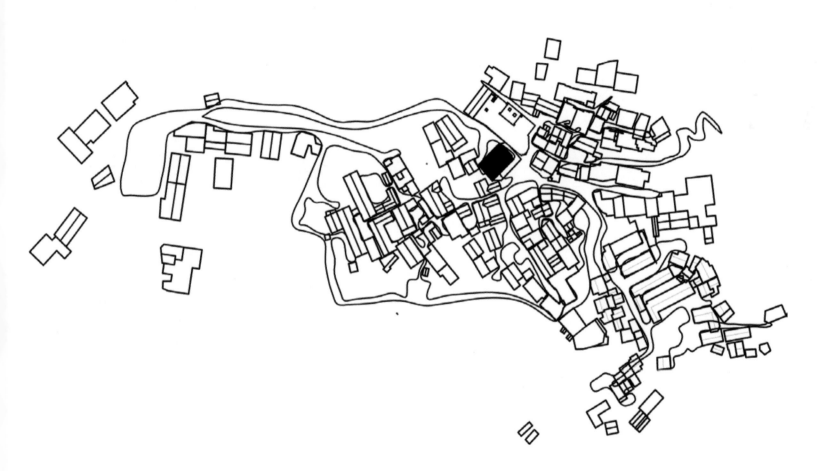

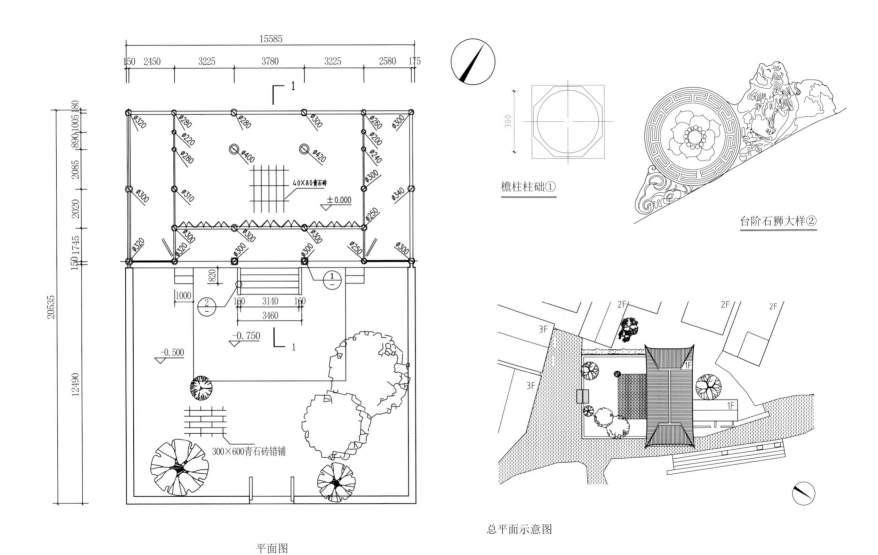

檐柱柱础①

台阶石狮大样②

平面图

总平面示意图

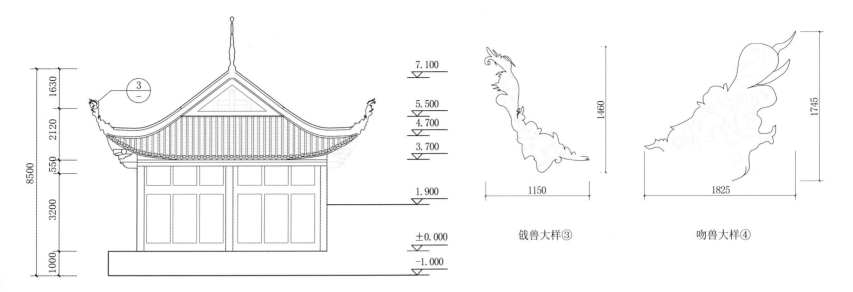

东立面图

戗兽大样③

吻兽大样④

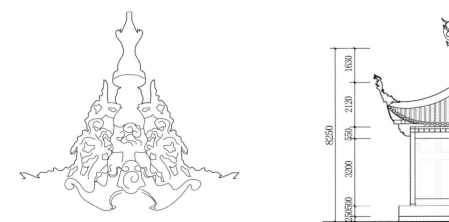

正脊塔叉大样⑤

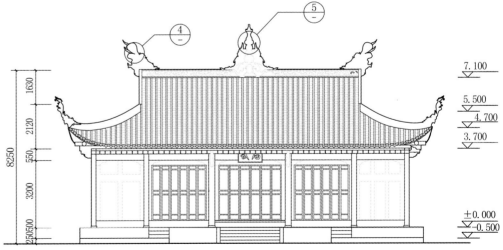

南立面图

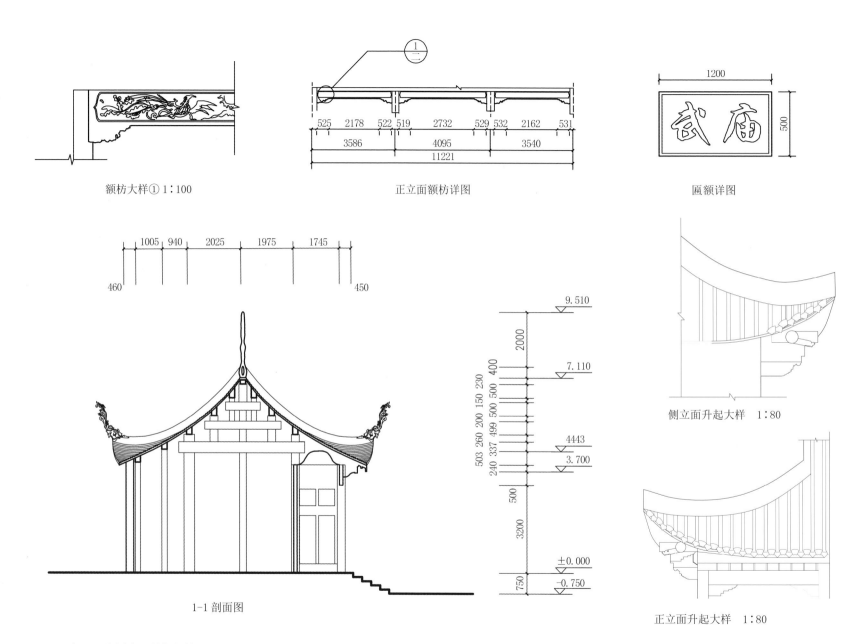

额枋大样① 1:100

正立面额枋详图

匾额详图

1-1 剖面图

侧立面升起大样 1:80

正立面升起大样 1:80

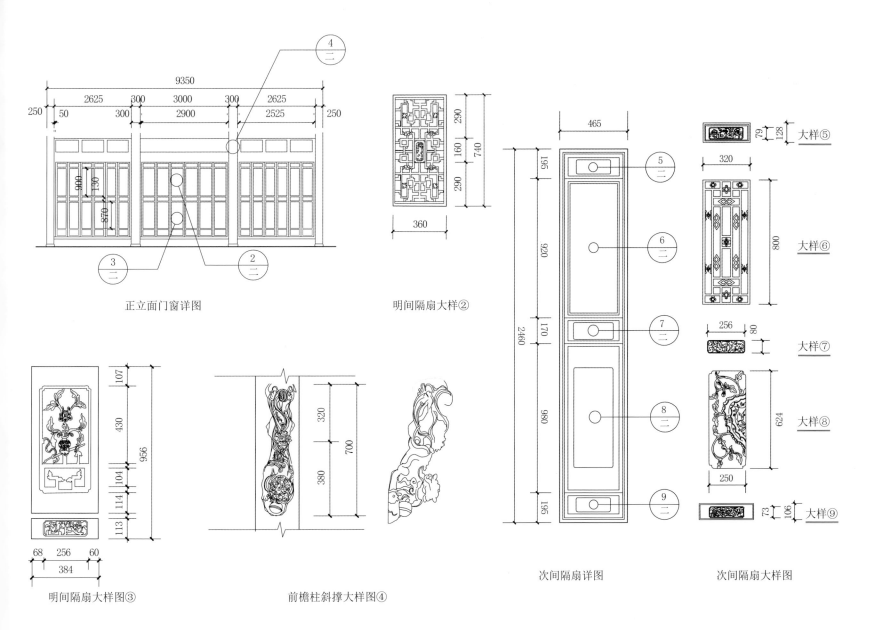

正立面门窗详图

明间隔扇大样②

明间隔扇大样图③

前檐柱斜撑大样图④

次间隔扇详图

次间隔扇大样图

大样⑤

大样⑥

大样⑦

大样⑧

大样⑨

3.3 镇山村摄影 + 写生

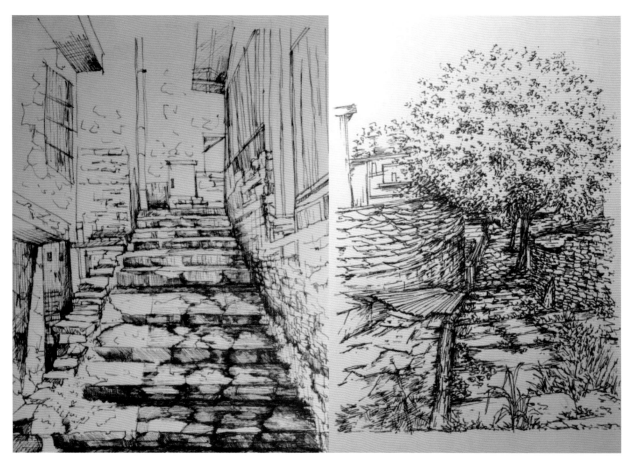

张恩华作品 龙兴华作品 实景图

马家清作品

张超娅作品

唐艺源作品

马家清作品

王榛榛作品

张超娅作品

张超娅作品

张超娅作品

3.4 镇山村课程设计

■ 地理区位分析

【中国区位】基地位于中国西南腹地贵州省，与重庆、四川、湖南、云南、广西接壤，是西南交通枢纽。

【贵州区位】基地位于贵州省中部贵阳市，东经106°07′至107°17′，北纬26°11′至26°55′之间。

【贵阳区位】基地位于贵阳市南部花溪区，属于亚热带湿润温和型气候。

【花溪区位】基地位于花溪区行政中心西面石板镇，镇山村位于花溪水库中部的一个半岛上。

■ 交通区位分析

【贵阳交通】镇山村位于贵阳市交通规划的一小时交通圈内，交通较为便利，以公路交通为主。

【花溪交通】贵阳至花溪12 km，道路等级较高，花溪至石板镇7 km，路面状况尚好。

【周边交通】从镇山村出发向东南方6 km可到达花溪水库大坝。

自 然 资 源

■ 周边环境

镇山村为典型的喀斯特低山丘陵地貌，地势西北高东南低，海拔1128～1209 m，村要正中海拔为1163 m。属亚热带季风性湿润气候区，雨水适中，日照充足，冬无严寒，夏无酷暑。

镇山村全村总面积38 km²，地处花溪水库中段三面环水，一面临山，与半边山隔水相望，西侧有林场，植被条件较好，很大程度弥补了村落绿地不足，通过周边生态林地履行公共绿地的职能。

■ 景观资源

镇山村三面环水，一面临山，山、水、田园融于一体，提供给村民一个接近自然和生态的居住场所。从山顶眺望，镇山村掩映在一片葱茏茂密的树林里，层层叠叠的民居依山而建。隔河眺望，幢幢石板建造的房屋，泛着灰白的光，在阳光下增艳生辉。风平浪静的时节更是美丽壮观，有"房建轻波上，人在水中行"之感，真似山中有寨，水里有村。

■ 生态环境现状

【环境卫生】镇山村临近饮水源，且为旅游景点，对卫生条件要求高。当地居民对于环境卫生、垃圾处理意识淡薄，村委会投入大量人力、物力、资金以求改善。

【饮水源保护】花溪水库是镇山村的饮水源，又是连接村民居住与劳作的干道，饮水源的保护刻不容缓。

【生意保护协调开发】镇山村为真山真水，由于村寨开发强度低，自然生态环境破坏较小，但村寨传统建筑风貌因旅游开发破坏较大。

社 会 资 源

■ 产业结构

【主要产业】渔业、农业、林业、手工业
【产业发展】旅游业和服务业迅速发展

■ 人口情况

【人口状况】民族：布依族（90%）苗族（10%）
　　　　　　宗族：班、李姓
【年龄结构】人口总数：750左右
　　　　　　计生户：190户（分家）
　　　　　　常规户：160户（不分家）
　　　　　　69岁以上老人：120左右
【教育状况】村里生源较少，合并到石板镇上的学校中
【家庭收入】人均收入：16000元/年
　　　　　　基本小康，无特别贫困的情况

■ 民族文化

【节庆文化】每年正月初十举行"跳厂"活动，参加者是石板镇一带的布依族、苗族居民，有万余人，活动内容为吹奏芦笙、跳舞、斗雀等。农历"六月六"是布依族的传统节日，在寨内搭台举行对歌。

【语言文字】布依族被正式承认为中国18个具有自己传统民族文字的民族之一。布依族历史上曾发明创制了几种古文字：择吉型、方块型、拉丁字母型。

【艺术技艺】传统舞蹈有《铜鼓舞》《织布舞》《狮子舞》等。传统乐器有唢呐、月琴、洞箫、木叶、笛子等。地戏、花灯剧是布依族人喜爱的剧种。

【民族传统工艺】布依族民间传统工艺有蜡染、扎染、织锦、刺绣、木雕、石雕、竹编等。

■ 旅游资源

■ 教育资源

镇山村距离贵州大学城约7 km。镇山村周边分布有众多中学和大学，教育资源丰富。

综合现状分析图

经济技术指标

用地面积：4.12 hm²
建筑面积：2.52 hm²
建筑密度：29.13%
容积率：0.61
绿化率：32.45%

图例

- [ ] 核心区红线
- 武庙
- 道路
- 广场
- 建筑
- 石铺院坝
- 花溪水库
- 农田
- 果园
- 停车场

花溪水库

上寨台地　　　武庙　　　屯墙　　　寨门　　　下寨建筑　　　广场　　滨水码头

全景鸟瞰图

3.4.1 总体概况

设计说明：本次规划选址为贵州省贵阳市花溪区镇山村，根据当地的生态资源与文化资源，结合村落测绘与村民访谈，对镇山村进行保护与更新。运用现代化策略和宣传方式，打造一个宜居的布依族传统文化与梯田景观相融合的体验式艺术小镇。基于触媒理论，用艺术和生态来激活并延续镇山村原有的触媒点，还原历史、展示历史、延续并激活历史文化，凸显镇山村民族特色和本土文化的深厚底蕴。设计中通过激活当地文脉，构建新生产业，提升存量空间，修复自然生态与艺术化改造四个方面，来达到保存村寨传统建筑格局、宣扬布依族文化与屯兵文化的目的，为镇山村的新发展注入活力，重新唤醒正在衰败的古村落——镇山村。

总平面图

本组成员：李泽圣　刘　婷　卢銮镆　王榛榛　张紫葳　杨冰慧
万紫千　杨馥黛　陈甜甜

指导老师：孙　音　陈　鸿　陈春华　毛　颖　陈一唐思德

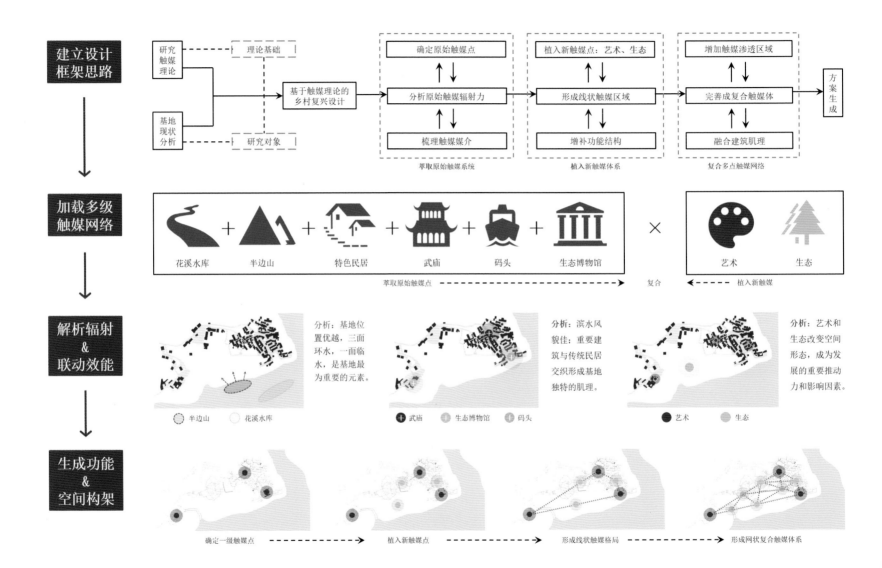

建立设计
框架思路

研究触媒理论 --- 理论基础

基地现状分析 --- 研究对象

基于触媒理论的乡村复兴设计

确定原始触媒点 ⇅ 分析原始触媒辐射力 ⇅ 梳理触媒媒介

萃取原始触媒系统

植入新触媒点：艺术、生态 ⇅ 形成线状触媒区域 ⇅ 增补功能结构

植入新触媒体系

增加触媒渗透区域 ⇅ 完善成复合触媒体 ⇅ 融合建筑肌理

复合多点触媒网络

方案生成

加载多级触媒网络

花溪水库 + 半边山 + 特色民居 + 武庙 + 码头 + 生态博物馆 × 艺术 生态

萃取原始触媒点 ------→ 复合 ←------ 植入新触媒

解析辐射
&
联动效能

分析：基地位置优越，三面环水，一面临水，是基地最为重要的元素。

○ 半边山 ○ 花溪水库

分析：滨水风貌佳；重要建筑与传统民居交织形成基地独特的肌理。

⊕ 武庙 ⊕ 生态博物馆 ⊕ 码头

分析：艺术和生态改变空间形态，成为发展的重要推动力和影响因素。

● 艺术 ● 生态

生成功能
&
空间构架

确定一级触媒点 ------→ 植入新触媒点 ------→ 形成线状触媒格局 ------→ 形成网状复合触媒体系

<table>
<tr><td colspan="2" align="center">文 化 策 略</td></tr>
</table>

文 化 策 略

■ 引入大地艺术节

【主要举办区域】中心广场、森林步道、滨水空间。

【举办时间】每年六月初六开幕，为期30天。

【举办形式】邀请各地艺术家展出作品、举办沙龙交流等活动；邀请游客享受户外风景、体验布依族民俗节庆活动、欣赏艺术作品。

【参观内容】在公共空间因地制宜地放置了来自全国乃至世界各地的艺术家创作的艺术作品。每一件作品都有一个统一的主题：艺术与乡村。

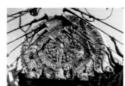

■ 创办布依学堂

【主要举办区域】武庙周边的建筑及广场。

【举办形式】邀请当地老年人作为授课者，面向前来旅游、学习的游客，如学生、亲子等，打造体验式、开放式、趣味化课堂。

【展示内容】农耕文化、服饰文化、语言文化、建筑文化、艺术文化等。

■ 艺术与乡村风貌的融合改造

将艺术家创作的作品非常巧妙地融入在乡间、自然中。与在美术馆、画廊孤独地创作不同，在这里，艺术家的创作与当地的景观紧密联系着。创作时村民也会前来帮忙，在这些帮忙的瞬间，作品就不仅仅是艺术家一个人的东西，也成为当地村民的作品。

■ 农产品的艺术化包装

重新发现具有布依族民族文化特色的传统材料和工艺的美和魅力，赋予当地农产品和土特产更好的设计和包装以及品牌规划。

建 筑 策 略

■ 老屋的功能性艺术化改造

【民宿定位】艺术体验式度假型民宿

【项目简介】以健康人居、空间改造为主要特色，依托基地良好的生态环境和林地、水文等生态资源，提供集住宿、餐饮、艺术体验、观赏游乐等多功能为一体的度假型民宿。

【定位人群】以休闲度假目的为主，注重住宿品质的艺术家、创作家及来此地旅游的家庭。

■ 生态博物馆区域的功能性艺术化改造

【形态】结合民族特色，进行立面的艺术化改造

【功能】单一功能置换、打造民俗艺术走廊

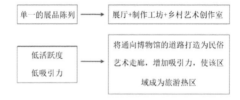

【分区】文化布依、体验布依、原味布依、收藏布依、时尚布依

生 态 策 略

■ 优化现有景观节点，打造新节点

■ 串联景观体系，打造景观轴线

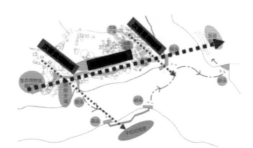

■ 通过陆路和水路加强区域联系，打造多样景观路线

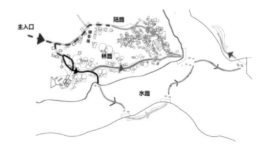

规划分析

图底关系

规划结构图

两轴 + 一带 + 四核心
两轴：艺术轴
　　　生态轴
一带：大地景观带
四核心：古镇旅游核心
　　　　生活服务核心
　　　　艺术交流核心
　　　　生态体验核心

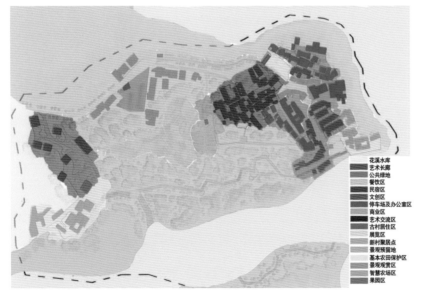

花溪水库
艺术长廊
公共绿地
餐饮区
民宿区
文创区
停车场及办公室区
商业区
艺术交流区
古村居住区
展览区
新村聚居点
景观预留地
基本农田保护区
景观赏鸟区
智慧广场区
果园区

功能分区图

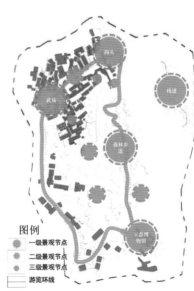

主要入口
次要入口
主要车行道
主要步行道
次要步行道
景观步行道

图例
一级景观节点
二级景观节点
三级景观节点
游览环线

规划分析图

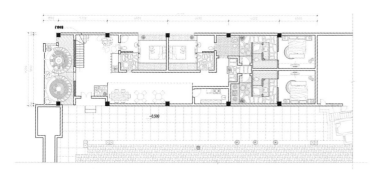

一层平面图

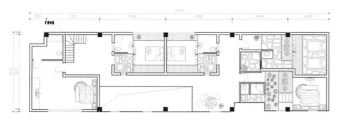

二层平面图

民宿改造意向图

三人居

一层平面图

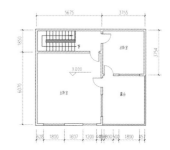

二层平面图

四人居

一层平面图

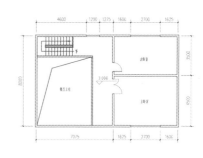

二层平面图

六人居

一层平面图

二层平面图

将上寨这条道路两侧的院落在统一的风格要求下用作村民与艺术家合作改造的区域，既将原有废弃院落充分利用起来，又可以让村民也参与到古村落的改造。通过宏观政策和法律法规的限制，引导艺术家在对建筑内部功能及形态进行改造时，最大限度地保留建筑外观，使其依然能够融入古朴自然的村落风貌。

　　架空的森林走廊是天然的生态保护性设施，可以巧妙利用空中优势形成对地面景观、空中景观和远处的景观三种视线上的优势。

■ 艺术家聚落改造意向图

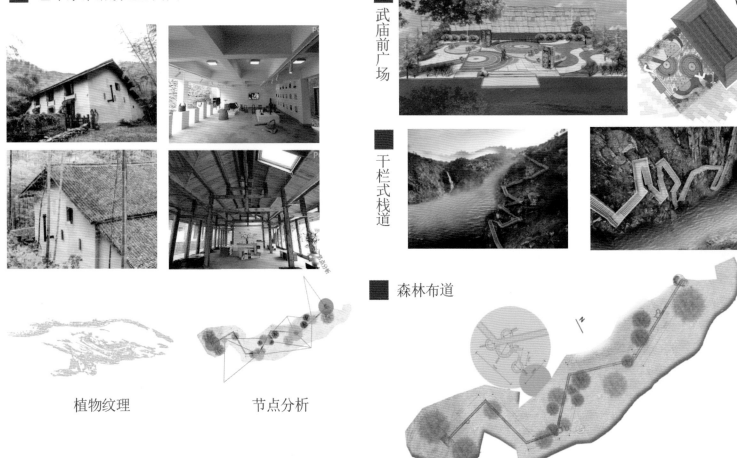

植物纹理　　　　　　节点分析

武庙前广场

干栏式栈道

■ 森林布道

3.4.2　保护更新规划

基于韧性策略下的镇山村保护更新规划（一）

设计说明：本课题基于韧性策略下进行了镇山村的改造，传统与现代的碰撞，文化保护与经济发展的冲突，基于镇山村自身的特点与优势，结合现代人的生活习惯，挖掘乡村韧性，实行经济提升和乡村保护并进的双赢改造模式，并以此保证乡村的活力与延续。

本组成员：张艺凡　王耀彬　胡航军　雷思香　魏　雪　李玥莹　吴海韵　张超娅　刘凌志
指导老师：孙　音　陈　鸿　陈春华

生态修复　植物配置

■ 滨水景观区

□ 农田景观区

■ 林地景观区

■ 村寨建筑区

植物设计总说明

　　植物设计整体上与村庄规划理念相传承，即从酿酒文化出发，打造具有布依族民族特色的生态景观，同时满足水库周边湿地保护的要求，选用乡土植物及与酿酒文化相关的特色植物品种，兼顾与村民生产生活密切相关的农田、林地景观。

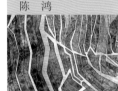

农田景观平面

农田景观　　　　　　　　　　　　　农田景观

基于韧性策略下的镇山村保护更新规划（二）

本组成员：
张艺凡　王耀彬
胡航军　雷思香
魏　雪　张超娅
刘凌志　李玥莹
吴海韵
指导老师：
孙　音　陈春华
陈　鸿

策略推导

理念引入——韧性策略
目标导向型规划

社区韧性/产业韧性
文化韧性/生态韧性

乡村韧性空间重塑

韧性　韧性越好
则发生脆性断裂的可能性越小

弹性
弹性是物体发生弹性形变后可以恢复原来的状态的能力。

灵活性
灵活性是指具有灵活的能力。

适应性
适应性是指某个模型应对它所对应的实践场合变化的能力。

恢复力
恢复力是指系统在遭到外界干扰因素的破坏以后恢复到原状的能力。

韧性不应该被视为系统对初始状态的一种恢复，而是复杂的社会-生态系统为回应压力和限制条件而激发的一种变化、适应和改变的能力。

社区韧性

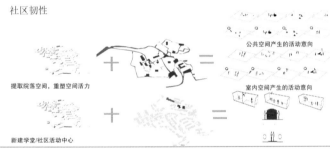

提取院落空间，重塑空间活力

公共空间产生的活动意向

室内空间产生的活动意向

新建学堂/社区活动中心

产业韧性　　　　　　　　　　　　　　　　　　**文化韧性**

第一产业链式　　　一点多链式
第一产业第二产业第三产业整合联动发展，多角度提供村民收入

生态韧性　蓝色/绿色基础设施建设

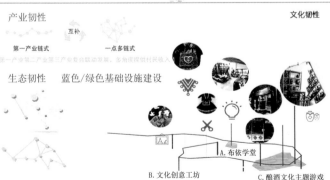

A. 布依学堂
B. 文化创意工坊
C. 酿酒文化主题游戏

1. 公共服务中心
2. 布依族生态博物馆
3. 近溪湿地公园
4. 梯田大地农田景观
5. 景观倾山步道
6. 织物矩阵构筑物
7. 滨水步道
8. 林区无尽之梯景观平台
9. 游客中心
10. 村口雨水净化广场
11. 武庙
12. 民宿建筑区
13. 社区活动中心
14. 酒文化展示区
15. 崖壁农家饭店
16. 滨水广场
17. 码头 A
18. 码头 B
19. 布依学堂
20. 文化创意工坊
21. 林区空中走廊
22. 停车场

基于韧性策略下的镇山村保护更新规划（四）

景观节点设计——雨水净化广场／折行三院落

降雨

集水线

屋顶雨水收集

沉淀

渗透

雨水汇集于集水线

（汇集雨水的空间随着季节而变化，早期成为居民的花园，景观池。
丰水期经过净化的雨水汇集于此，变成蓄满雨水的池塘。

四级净化（表流湿地）　三级净化（表流湿地）　二级净化（表流湿地）　一级净化（潜流湿地）

雨水净化广场剖透视图

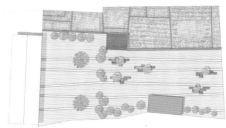

雨水净化广场平面图

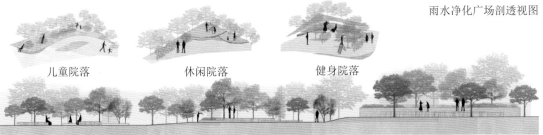

儿童院落　　休闲院落　　健身院落

折行三院落

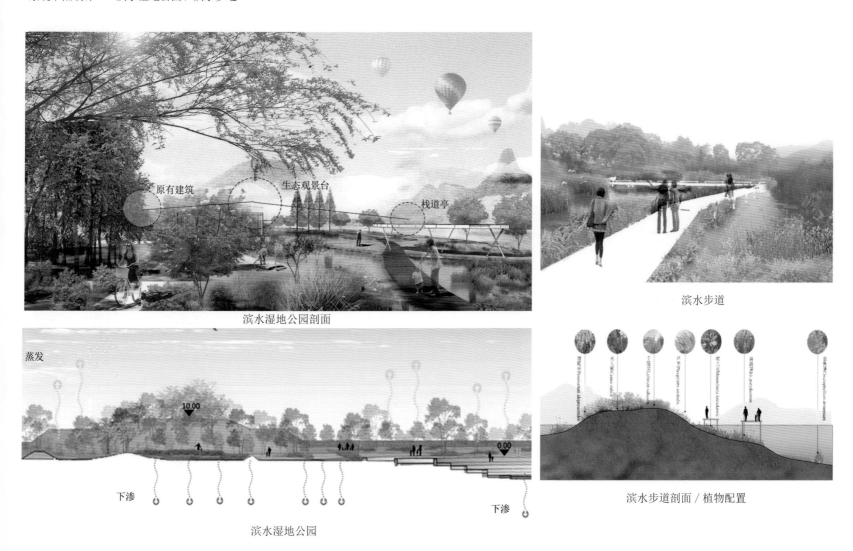

原有建筑　　生态观景台　　栈道亭

滨水湿地公园剖面

滨水步道

蒸发

10.00

0.00

下渗　　　　　　　　　　　　　　　　下渗

滨水湿地公园

滨水步道剖面／植物配置

基于韧性策略下的镇山村保护更新规划（六）

建筑改造——布依族生态博物馆改造

生态博物馆改造效果图

生态博物馆平面

布依族生态博物馆改造剖面

基于韧性策略下的镇山村保护更新规划（七）

建筑改造——互联网 + 民宿设计

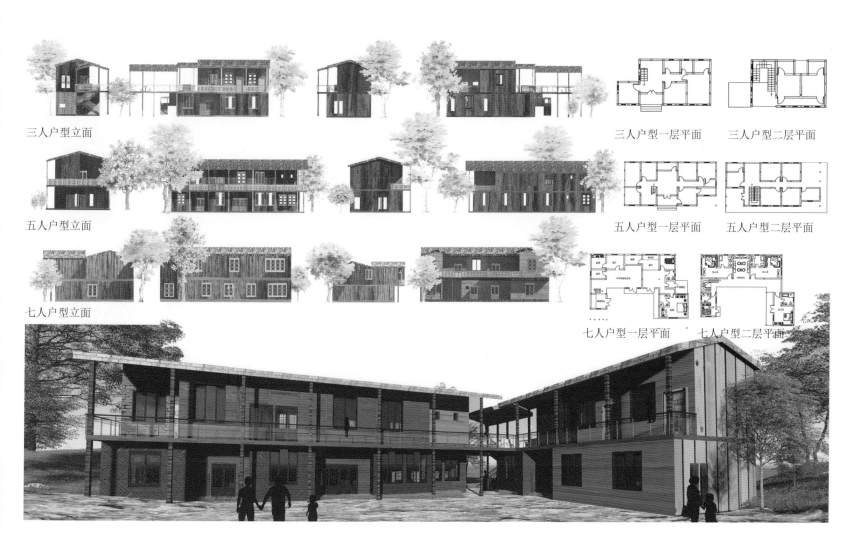

三人户型立面

三人户型一层平面　　三人户型二层平面

五人户型立面

五人户型一层平面　　五人户型二层平面

七人户型立面

七人户型一层平面　　七人户型二层平面

3.4.3 旅游更新规划

本组成员：成 蕤 江舒媛 龙兴华 唐艺源

指导老师：陈春华 陈 鸿 孙 音

透视图

设计说明

　　本次设计是对位于贵州省贵阳市花溪区的布依族古村落——镇山村进行乡村改造与更新，在尽最大可能保留原本村寨风貌的情况下，为村落振兴进行规划。结合为期五天的调研所获得的场地信息，我们确定了以布依族传统刺绣为特色，以镇山村古镇风貌为重点的旅游发展项目，期望在发展旅游产业的同时，能够盘活镇山村的活力，将宝贵的布依族文化传承下来。古镇规划主要分为三个区域：传统风情民宿区、布依特色文化区、古镇商业区。

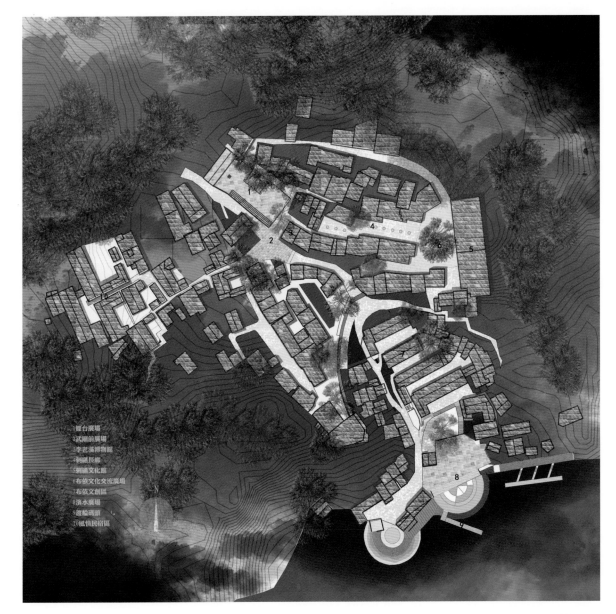

1 戏台广场
2 武庙前广场
3 李老汉博物馆
4 刺绣民宿
5 刺绣文化馆
6 布依文化交流广场
7 布依文创区
8 滨水广场
9 游船码头
10 风情民宿区

■ 空间流线分析

■ 形态生成

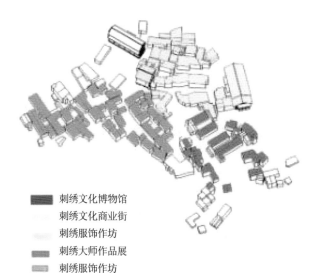

分区:

　　根据改造策略,将镇山村分为传统风情民宿区、古镇商业区、布依特色文化区。其中,将布依特色文化区分为刺绣文化街与李老汉博物馆展示区。

广场:

　　入口广场作为镇山村的最重要公共活动空间,承载着节庆办活动、售卖农产品的功能。改造后强化舞台的作用,承担起旅游季民族文化的展示功能。

■ 刺绣文化博物馆
■ 刺绣文化商业街
■ 刺绣服饰作坊
■ 刺绣大师作品展
■ 刺绣服饰作坊

■ 公共空间与组团

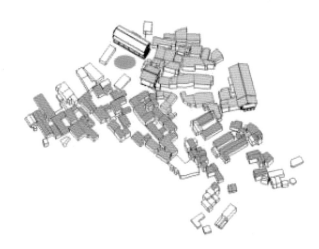

3.4.4 乡村景观更新规划

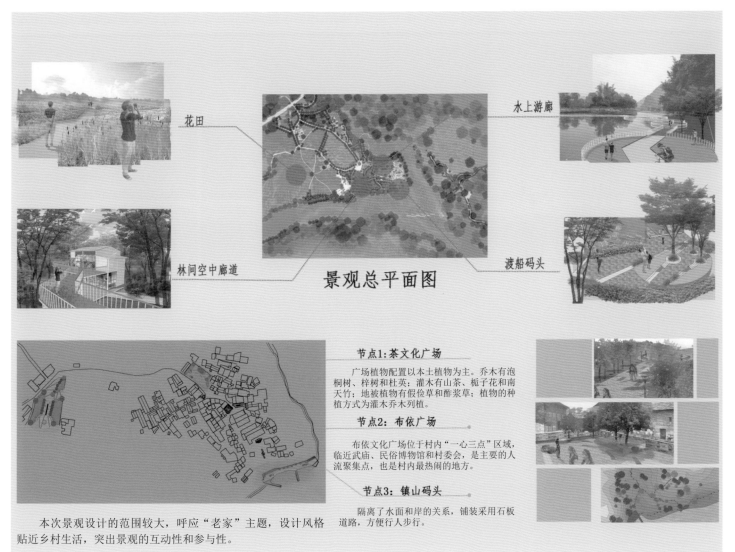

花田

水上游廊

林间空中廊道

景观总平面图

渡船码头

节点1：茶文化广场

广场植物配置以本土植物为主。乔木有泡桐树、梓树和杜英；灌木有山茶、栀子花和南天竹；地被植物有假俭草和酢浆草；植物的种植方式为灌木乔木列植。

节点2：布依广场

布依文化广场位于村内"一心三点"区域，临近武庙、民俗博物馆和村委会，是主要的人流聚集点，也是村内最热闹的地方。

节点3：镇山码头

隔离了水面和岸的关系，铺装采用石板道路，方便行人步行。

本次景观设计的范围较大，呼应"老家"主题，设计风格贴近乡村生活，突出景观的互动性和参与性。

景观节点

小　　组
成　　员：
聂梦雪
任赟睿
蹇怀瑾
潘碧阳

指　　导
老　　师：
毛　　颖
陈　　一
唐思德

改建理念

在户型改建时，我们的理念是在不破坏布依族民宿文化特色的基础上进行改建，尽量保证布依族民俗文化的原真性。例如保留了原来的堂屋、两侧的厢房以及为了强调堂屋后退形成的吞口。在内部结构中，我们也尽量保持它的原貌。原户型内部具有明显高差，在屋内犹如山地，不时上上下下，可以让游客更切身感受到布依族民宿的文化特色。

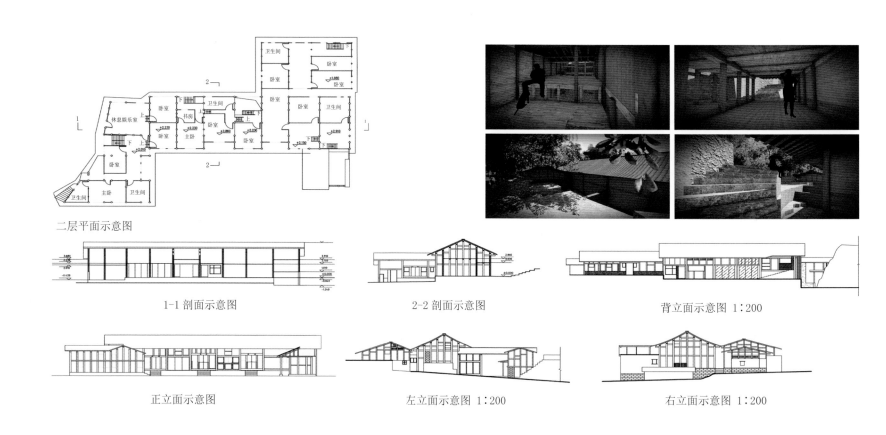

二层平面示意图

1-1 剖面示意图

2-2 剖面示意图

背立面示意图 1:200

正立面示意图

左立面示意图 1:200

右立面示意图 1:200

现状及改进策略

1. 有一定商业基础，但缺少特色。

对策：利用现有条件，对现有商业进行全面提升，发展特色商业街、特色农家乐等。

2. 有农业和林业基础，但比较原始。

对策：发展创新农业、互动农业、定制庄园等特色农业和林业。

3. 有一定基础设施，但不够完善。

对策：完善现有设施，并增添新设施以满足当前需要。

策　略　提　出

3.4.5　节点更新改造规划一

本组成员：郑晟阳　余嘉乐　邱　元　魏新娜　李逸洁　唐　敏
指导老师：孙　音　陈　鸿　陈春华　陈　一　毛　颖　唐思德

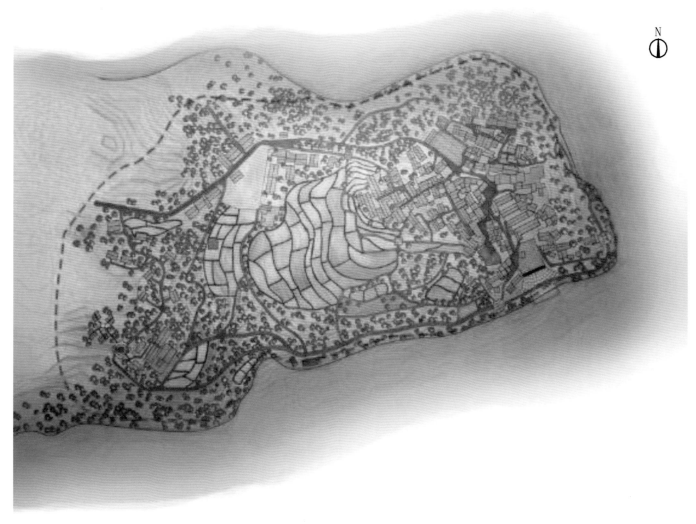

N

总平面图

镇山村传统村落保护与更新规划设计以养生为理念，依托镇山村特有的农业资源、文化资源、药材资源、森林资源、水资源，打造自然观光养生、运动养生、中草药养生、农业体验养生、布依族文化体验养生等项目，具体推出精品度假酒店、中草药养生膳食、森林氧吧、滨水健身步道、布依族民俗风情体验馆等，促进镇山村养生旅游的发展，推动镇山村村落保护，传承与发展布依族文化。

规划结构分析

功能分区

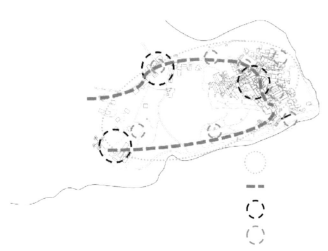

旅游线路分析

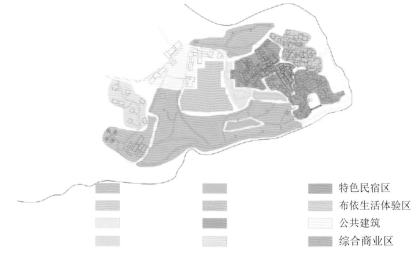

	特色民宿区
	布依生活体验区
	公共建筑
	综合商业区

景观分析

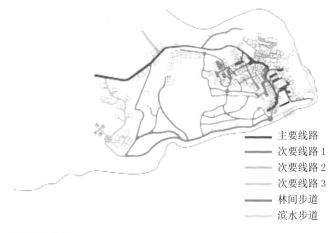

——	主要线路
——	次要线路1
——	次要线路2
——	次要线路3
——	林间步道
——	滨水步道

旅游线路分析

----	景观主轴
----	景观次轴
○	主要绿地
○	主要节点

主要节点

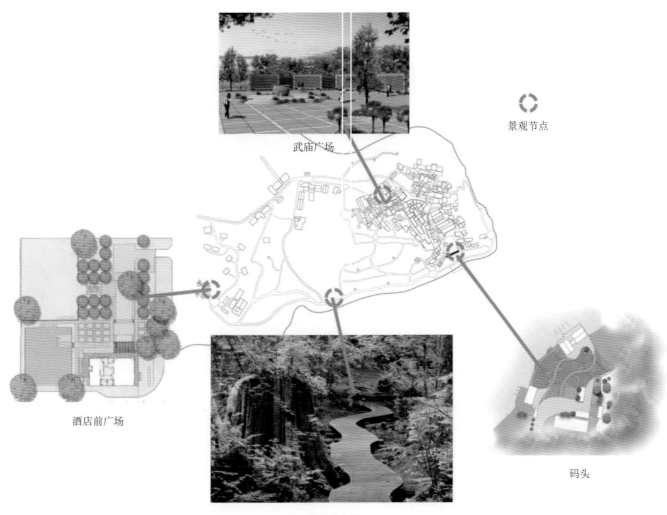

景观节点

武庙广场

酒店前广场

码头

景观节点图

森林步道

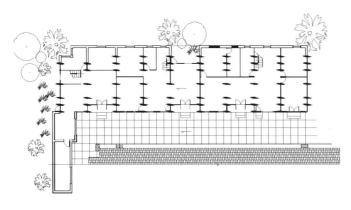

一层平面图

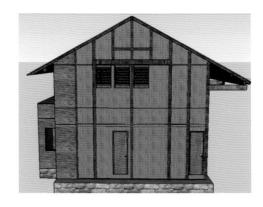

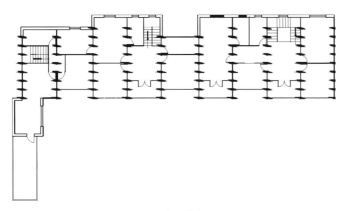

二层平面图

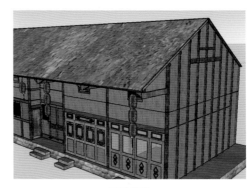

民居改造

3.4.6　节点更新改造规划二

本组成员：刘金明　杨静宜　杨兴源　张恩华　艾锦辉　吴有鹏　罗依玲　海琳娜

指导老师：陈　鸿　陈春华　孙　音　陈　一　唐思德　毛　颖

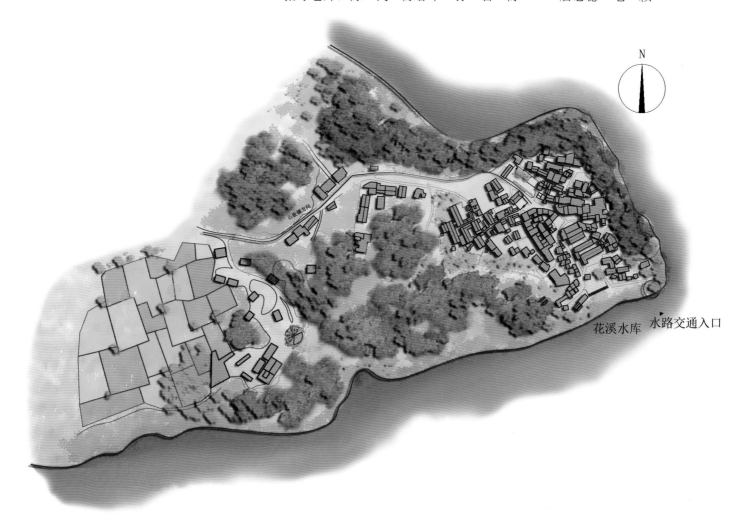

总平面示意图

鸟瞰图

总体策略

尊重自然　有机更新　　　尊重文化　以人为本

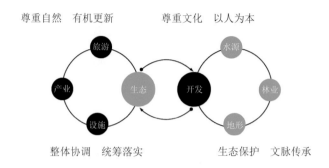

整体协调　统筹落实　　　生态保护　文脉传承

策略及设计说明

设计说明

　　在经过前期对镇山村的实地调研勘测、数据整合分析和资料收集汇总后，在结合镇山村的社会、自然、文化等众多区位条件的基础上，发掘出场地中许多潜在旅游资源和价值，比如特色古建筑、石材、山林、水源、布依族文化等资源。在尊重原有场地的文化和生态的基础上，保留了原有场地的特色古建筑群落，同时引入旅游产业链，将原有建筑进行更新设计成特色民宿，打造乡村体验式旅游。

　　在原有民俗博物馆的基础上，建立民俗文化产业链，吸取当地特色个人博物馆案例，建立多个特色民俗博物馆，搭建文化表演等民俗展示舞台，带动相关周边产品的产出，带动文化旅游的发展。在旅游开发的同时，严格控制对周边生态环境造成的影响，在尊重当地文化的同时，也要严格控制外来文化和产业的引入，要求当地政府在镇山村成立旅游管理组织来管理镇山村及周边旅游活动，成立遗产保护组织，对当地传统建筑和文化进行维护和宣传，促进镇山村旅游朝着可持续发展的方向平稳发展。

生态农业技术

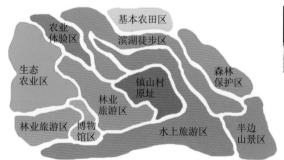

功能分区

　　充分利用当地土地资源优势，将当地部分农田作为生态农业试验区，根据当地特色，因地制宜，采用稻花鱼与小豆的轮作，打造独具特色的地方生态农业系统。

　　生态农业园区产出的小豆与稻花鱼等作为产业链的第一环，分别向餐饮业、特产销售业等输出，小豆酸汤、小豆酸汤鱼、小豆花、豆花鱼等应运而生。另作为特色的小豆花、小豆、稻花鱼等可以向附近村庄、城镇输出产品。

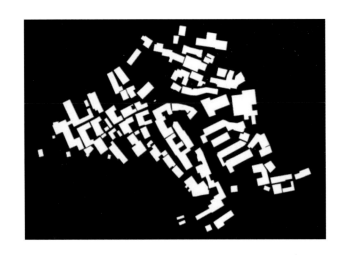

建筑功能分布

工作室区
公共建筑
特产商店
民宿民居
餐饮便利店

建筑修复

修复
改建

图底关系

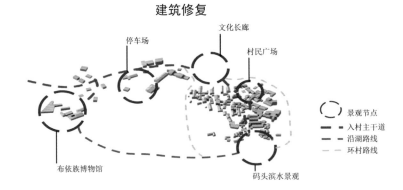

文化长廊
停车场
村民广场
景观节点
入村主干道
沿湖路线
环村路线
布依族博物馆
码头滨水景观

道路及节点关系

景观节点透视

锁龙道位于文化展示区，为进入布依族镇山村寨的一段讲述布依民族文化的道路，设计来源于布依族神话故事中的《锁孽龙》。故事中的布依族祖先翁嘎使用计策将制造山洪作乱的孽龙锁住，护佑了一方水土，借此延伸为展示布依族镇山村生活安康的原因，因锁孽龙，遂成家园。

力孞广场位于镇山村布依族生态博物馆旁，为一纪念雕塑广场。设计来源于布依族神话故事中的《力孞撑天》。故事中开天辟地的力孞，如汉族传统神话人物盘古一般，身化世间万物，与博物馆的介绍相辅相成，共同阐述布依族的起源，表现布依族人热爱自然的传统由古至今。

对歌广场位于村委会办公室前面，此前用于布依族重大节日聚会场所，设计源于布依族多个与爱情有关的故事，如《杉郎与树妹》——毛杉树节（3月3日），《查郎与白妹》——查白歌节（6月），保护布依族的婚俗文化，讲述其人口繁衍。广场适宜举行各种当地的重大节日活动。

生态渔歌码头位于镇山村下寨，花溪水库岸边，设计来源于布依族的龙图腾——布依龙的故事。布依龙因贪玩被官兵所抓，锁在糍粑中，故广场元素以圆形为主，被布依男女救出后，布依龙冲天而起，形成了一片水域。在此与花溪水库结合，将故事神韵展现得淋漓尽致。

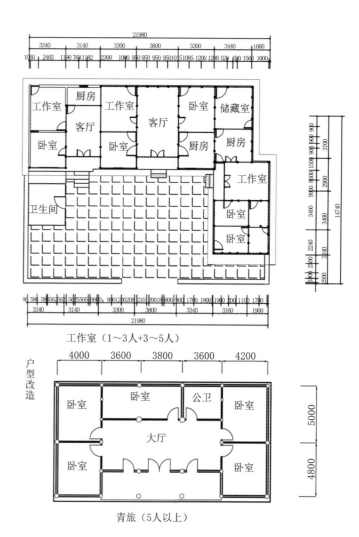

工作室（1~3人+3~5人）

户型改造

青旅（5人以上）

户型改造

镇山村全体测绘师生合照